天啊，做饭可以这样快

ZUOFAN KEYI ZHEYANGKUAI

兜兜安 / 著

中国妇女出版社

图书在版编目（CIP）数据

天啊，做饭可以这样快／兜兜安著．—北京：中国妇女出版社，2012.10

ISBN 978-7-5127-0473-2

Ⅰ.①天… Ⅱ.①兜 Ⅲ.①菜谱 Ⅳ.①TS972.12

中国版本图书馆CIP数据核字（2012）第139053号

天啊，做饭可以这样快

作　　者：兜兜安　著
责任编辑：宋　文
封面设计：吴晓莉
内文制作：陈　光
责任印制：王卫东
出　　版：中国妇女出版社出版发行
地　　址：北京东城区史家胡同甲24号　　邮政编码：100010
电　　话：（010）65133160（发行部）　　65133161（邮购）
网　　址：www.womenbooks.com.cn
经　　销：各地新华书店
印　　刷：北京楠萍印刷有限公司
开　　本：170×230　1/16
印　　张：11
字　　数：120千字
版　　次：2013年1月第1版
印　　次：2013年1月第1次
书　　号：ISBN 978-7-5127-0473-2
定　　价：29.80元

目录

CONTENTS

001 第一章 轻松搞定早中晚餐的10分钟烹饪法

第二章 营养丰富不单调的早中晚餐20分钟烹饪法 049

101

见证实力的早中晚餐 30分钟烹饪法

第三章

附录

教你轻松搞定食材的私家秘方

159

第一章　轻松搞定早中晚餐的10分钟烹饪法

一、便捷早餐就要这么吃

香煎玉米饼+养生五谷豆浆

五谷杂粮是有益健康的粮食，在这份快捷早餐中无论是玉米饼还是五谷豆浆，都富含纤维和营养，可以调理饮食平衡，为身体减负。

本餐制作步骤：

打豆浆→煎玉米饼

香煎玉米饼

1.在玉米面中直接打入鸡蛋，搅拌成玉米面糊。
2.加入玉米粒，搅拌均匀。
3.锅内刷一层油，然后用勺舀出玉米面糊，自然滴落在锅底，等一面凝固后翻面，最后煎至凝固、边缘微焦即可。

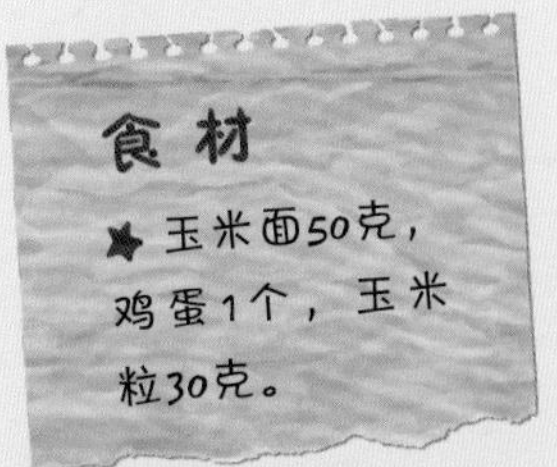

养生五谷豆浆

1.将所有食材清洗干净。红枣切丁。
2.加水泡发在豆浆机内，直接搅成浆即可。

食材

黄豆10克，红豆10克，薏米10克，花生10克，核桃仁10克，红枣4个。

TIPS:

* 玉米面糊的稀稠程度根据个人喜好。面糊稀一些，饼就会大一些。如果希望面糊稀一些，可以加入适量的清水调节。如果在玉米面糊中加入牛奶，玉米饼就会有奶香味，口感和营养会更好。
* 喜欢甜味的话，可以在玉米面糊中加入白糖。但是只有不加糖，才能吃到玉米本来的原香味。
* 制作五谷豆浆时，食材可在头天晚上就泡在豆浆机内，第二天早晨起床后先打开豆浆机，再洗脸刷牙，会更加节省时间。

法棍热狗+香蕉燕麦牛奶

TIPS:

* 如果不选用沙拉酱拌蔬菜，直接在香肠表面涂上番茄酱也很美味。
* 如果喜欢喝凉牛奶，那么在牛奶中不加入燕麦片，加入玉米片也是很美味的。

面包、牛奶和香肠的组合也能给你带来各种变化，让你拥有不同“味道”的清晨，让每一份富含营养的早餐带给身体不同的享受！

本餐制作步骤：

煎香肠→制作热狗→制作香蕉燕麦牛奶

法棍热狗

1.将生菜与紫甘蓝切成细丝，切一块法棍面包。
2.将沙拉酱与切好的蔬菜搅拌均匀。
3.在香肠表面切几个口。热锅不放油，将香肠表面略煎香。
4.将法棍面包侧面切开，填入沙拉蔬菜丝，最后将煎好的香肠夹在面包中即可。

食材

★ 法棍面包1块，紫甘蓝1片，生菜1片，沙拉酱1大勺，台湾香肠1根。

1 

2 

3 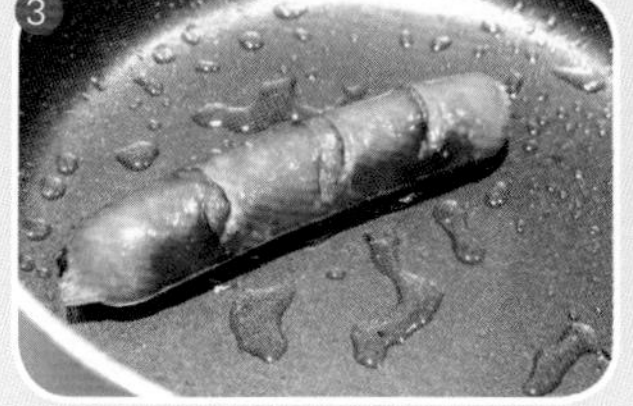

4 

香蕉燕麦牛奶

食材

★ 牛奶1袋，香蕉1根，水果燕麦片2大勺，圣女果干7-8颗。

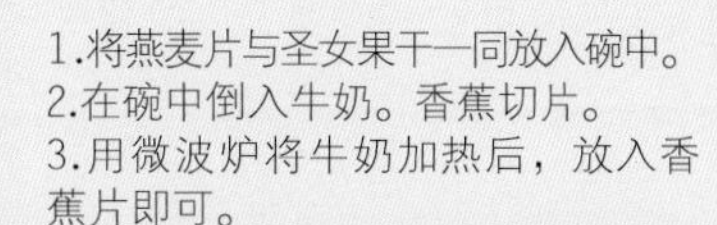
1.将燕麦片与圣女果干一同放入碗中。
2.在碗中倒入牛奶。香蕉切片。
3.用微波炉将牛奶加热后，放入香蕉片即可。

1 

2 

3 

金枪鱼三明治+蜜豆酸奶

TIPS:

• 如果没有现成的涂抹型金枪鱼酱，可以将金枪鱼肉与焯熟的胡萝卜丁一同用料理机打成金枪鱼酱备用。

• 番茄和生菜可以在前一天晚上就准备好，这样第二天早晨可以节省时间。

• 组合好的三明治可以用手压一压，然后用牙签固定，会更好切。

• 制作蜜豆酸奶时，如果杯子很大，或者想要多做一些的话，只需要不断重复放置蜜豆、消化饼干和酸奶的步骤即可。

营养丰富的金枪鱼三明治，再配以酸甜可口的蜜豆酸奶，让这份美味可口的早餐“唤醒”你的味蕾吧！

本餐制作步骤：

制作三明治→制作酸奶

金枪鱼三明治

1.准备好所需材料。将番茄和生菜清洗干净，再将番茄切片。
2.全麦吐司切掉四边，使边缘整齐。
3.小平底锅中不要放油置于火上，将全麦吐司两面稍微烘烤。
4.在其中的两片全麦吐司上涂抹金枪鱼酱。
5.取一片涂了金枪鱼酱的吐司，放上奶酪片、生菜。
6.盖上另外一片涂了金枪鱼酱的吐司，在上面放一片番茄片，盖上一片吐司。最后沿对角线切成三角形就可以啦！

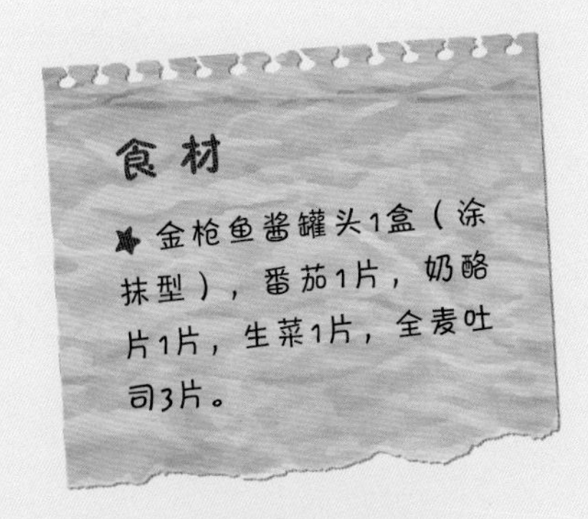

蜜豆酸奶

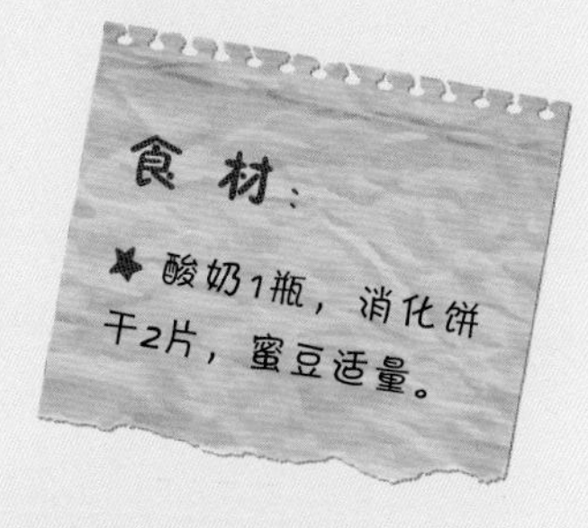

1.将一片消化饼干掰碎，放在玻璃杯最底下。

2.淋上一层酸奶，撒一些蜜豆。

3.再淋上一层酸奶，放一片消化饼干。

4.在消化饼干上撒一层蜜豆。

5.淋上一层酸奶，最后在表面撒少许蜜豆即可。

黑米花生粥+私房煎饺

* 黑米花生粥可以在头天煮好，第二天早晨加热即可。
* 做私房煎饺下入饺子以后，每滚开一次加入一点儿凉水，总共加入三次即可。
* 可以在周末的时候包饺子煮着吃，剩下的饺子在工作日的早晨直接煎即可。

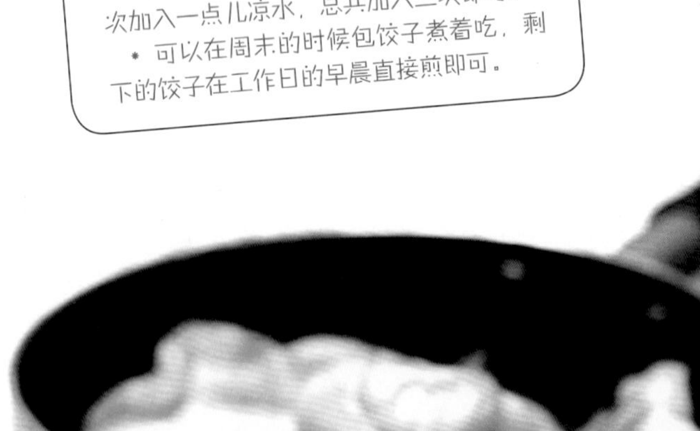

养生的黑米加上红皮花生，补气又养血。表皮酥香的煎饺，一口咬下去满嘴留香。这份早餐的幸福指数绝对是五颗星。

本餐制作步骤：

由于这一餐的粥和饺子都需要提前准备，所以在早晨的时候可以先利用微波炉加热粥，同时在小煎锅内煎饺子。

黑米花生粥

1.将红皮花生和黑米清洗干净。
2.沙锅内放入清水，大火煮开，转中火煮到红皮花生绵软、黑米粥黏稠即可。
3.可根据自己的口味加入适量冰糖。

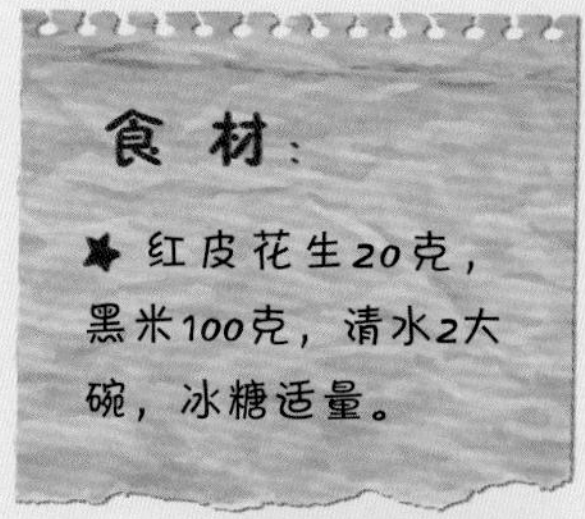

私房煎饺

1.将苜蓿焯水，稍微挤干水分。
2.将大葱切葱花。猪肉馅里拌入盐、鸡精、姜末、葱花、料酒、香油和适量的水搅拌均匀后加入苜蓿，一个方向搅拌上劲。
3.面粉加水揉成表面光滑的面团后醒发约10分钟。
4.将面团分成3等份，取出一份揉搓成长条形后，切成大小均等的剂子，擀制成皮。
5.在饺子皮中填入馅料，将饺子皮两头捏起，包成饺子。
6.水烧开后，将饺子下锅煮熟。
7.小煎锅内倒入适量橄榄油，将煮好的饺子放入，小火煎香即可。

食材

猪肉馅500克，苜蓿500克，大葱2根，面粉500克，水300毫升，盐1小勺，鸡精1小勺，料酒1大勺，姜末30克，香油30克，橄榄油适量。

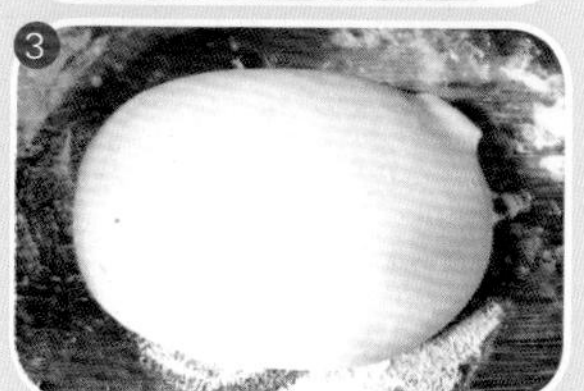

全麦酸奶司康+奶香麦片粥

• 用刮刀拌和油和面粉可以避免直接用手拌和手温太高以致黄油融化的现象出现。

• 司康本来是一种很随意的点心，因此并不一定需要规则、完整的形状，用手撕下略微整形会比用模具切割出来的更随意。

• 制作司康时也可以先打散鸡蛋，留出很小一部分后再加入牛奶、酸奶。留出的鸡蛋液用来刷司康饼表面。

• 司康平时需要冷藏保存，吃的时候用烤箱加热3～4分钟即可。

食物里充满了牛奶和酸奶的组合味道，让你拥有一个奶香满溢的早晨。全麦酸奶司康饼和麦片粥的麦香不分伯仲。吃的时候，谷物纤维韧劲十足，口感充盈。用力地咬，充实的香。健康活力的早晨，就是这样开始的！

本餐制作步骤：

加热司康→制作奶香麦片粥

全麦酸奶司康

1.将所有粉类食材混合在一起，混合均匀。
2.在粉类食材里加入切成小块的黄油。
3.用刮刀将黄油和粉类食材拌和在一起，变成松散的和玉米楂一般大小的小面楂。
4.在鸡蛋中加入牛奶，搅拌均匀。
5.在牛奶鸡蛋液中加入酸奶，搅拌均匀。
6.将牛奶鸡蛋液倒入黄油面粉中。
7.用切拌刀混合牛奶鸡蛋液和黄油面粉。
8.大致揉成一个面团后，放入冷藏室约30分钟。
9.烤盘垫锡纸，取出司康面团后，直接用手撕成小块，略微整形，摆放在烤盘里。
10.表面刷牛奶鸡蛋液，烤箱预热至200℃，烘烤15分钟左右。

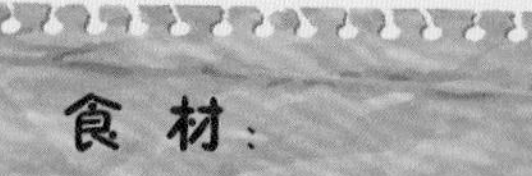

食材：

✱低筋面粉120克，全麦粉80克，砂糖30克，黄油50克，鸡蛋1个（约50克），泡打粉2小勺，牛奶30毫升、酸奶90毫升。

奶香麦片粥

食材：

✱剩米饭1小碗，清水1大碗，果味麦片2大勺，牛奶100毫升。

1.在剩米饭中加入水，煮开。
2.熬煮到大米开花时，加入果味麦片，搅拌均匀。
3.在麦片粥中加入牛奶，搅拌均匀后略微煮开即可。

二、便捷午餐就要这么吃

荷兰豆培根炒饭+玉米鱼丸汤

TIPS:

• 做荷兰豆培根炒饭时，提前将鸡蛋液和米饭拌匀，可以让炒饭的颜色变得更好看、味道更香，还能保证每一粒米饭松软又有嚼劲。

• 做玉米鱼丸汤时，玉米罐头的水一定不要倒掉，一同煮汤能让汤水更加香甜。

工作日的中午，结束了上午忙碌的工作，身体和肠胃都需要补充能量，快捷又营养的午餐正好满足需要。不用太多的准备，充分使用冰箱里的材料，制作一份富含纤维素和蛋白质的快手炒饭，搭配简单清甜的营养汤水，不仅解决了头天剩下的一点儿米饭，还让短暂的中午时光都变得闲散美好起来。

本餐制作步骤：

准备玉米汤的材料，首先开始煮玉米→准备炒饭的材料，同时注意汤水的情况→开始制作炒饭，米饭炒好盛出后，差不多可以下鱼丸了→炒饭完工，汤水也差不多好了，关火淋上香油

荷兰豆培根炒饭

食材：

★剩米饭一碗，荷兰豆8片，鸡蛋1个，培根2片，甜玉米粒、盐、胡椒粉各适量。

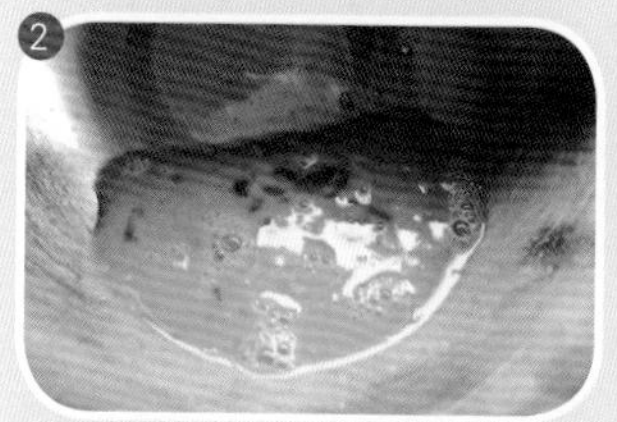

1.将荷兰豆清洗干净，切成小节。培根切丁。

2.将鸡蛋打散，调入一点盐和胡椒粉，用打蛋器打匀。

3.将米饭倒入鸡蛋液中充分地翻拌，尽量使每一粒米都裹上一层鸡蛋液。锅内热油，下入裹满了鸡蛋液的米饭。开大火迅速翻炒米饭，直到所有的米粒都变成金黄色、粒粒分明，关火，盛出备用。

4.热锅，下培根炒香。

5.下荷兰豆和甜玉米粒，翻炒均匀。

6.倒入炒好的米饭。

7.迅速翻炒均匀，起锅前用盐和胡椒粉调味。

玉米鱼丸汤

食材：

★ 玉米1根，鱼丸1袋，甜玉米罐头1个，盐、胡椒粉、香油各适量。

1.将玉米切成小节。再将甜玉米罐头的汤汁倒出，盛在小碗里。

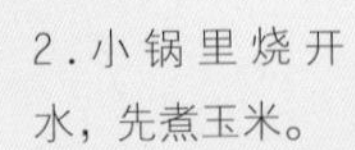

2.小锅里烧开水，先煮玉米。

3.直到煮玉米的水变色，倒入甜玉米罐头的汤汁及少量甜玉米粒，再放入鱼丸一同炖熟。

4.最后关火调入少量的盐和胡椒粉，滴上几滴香油即可。

辣白菜拌饭+西柚蜂蜜茶

白米饭，好像吃起来没有什么滋味。再炒两个菜，又有点麻烦。冰箱里只有一棵辣白菜和几个鸡蛋，橱柜里还有些不怎么吃的干货。没有关系，这就已经足够啦！用这些简单的食材照样制作美味午餐，保证胃口大开，吃过一碗想两碗哦！

本餐制作步骤：

蒸米饭，泡香菇→准备西柚茶的材料，制作西柚茶→当柚子茶在锅里熬煮的时候，准备拌饭的材料，制作拌饭→冲泡柚子茶

辣白菜拌饭

食 材：

★ 辣白菜1棵，鸡蛋1个，干香菇4朵，韩式辣酱2大勺，蒸好的米饭1碗，白糖适量。

1.辣白菜切段。干香菇泡发后焯熟，切条。

2.将辣白菜、韩式辣酱、香菇条和米饭放在一个较大的盆里。

3.充分搅拌，让每一粒米都均匀地沾上韩式辣酱。

4.调入小半勺白糖，搅拌均匀盛好待用。

5.最后在锅里倒少许油，煎一只荷包蛋，放入拌饭中即可。

西柚蜂蜜茶

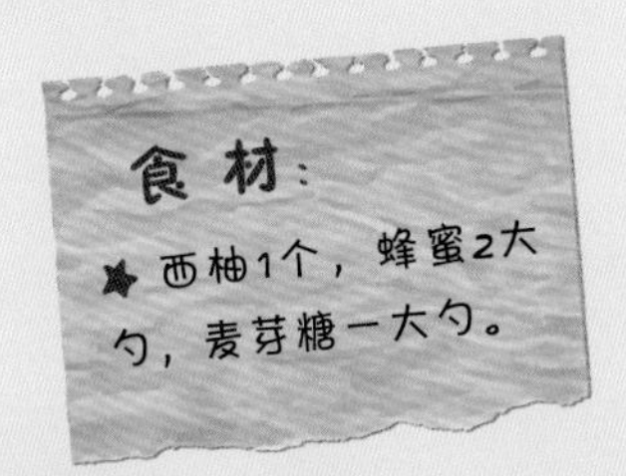

1.将西柚切成瓣。

2.将西柚果肉全部剥下，放入料理机。

3.将果肉搅打成果泥状。

4.将打好的果泥倒入奶锅，加入麦芽糖一同熬煮至浓稠，关火待用。

5.稍微放凉到大约60℃，加入蜂蜜，搅拌均匀。

6.盛放到干净的容器内，放入冰箱冷藏，喝的时候取出冲泡就可以啦！

TIPS:

* 如果制作拌饭的米饭并不是剩饭，而是蒸好的米饭，让热气基本散发就可以了。如果是剩的米饭，则需要重新加热。
* 白糖在制作拌饭的时候是必不可少的，因为白糖可以提鲜。且因为辣白菜本身有一定的酸度，所以需要通过白糖来调节饭的味道。在加白糖的时候可以少量多次地加，尝尝味道，调出自己喜欢的口感。
* 鸡蛋可以煎得嫩一些，吃的时候就可以将鸡蛋和米饭一同拌匀，也很美味。
* 蜂蜜在高温下会丧失营养，因此一定要将西柚果泥冷却下来再加蜂蜜。
* 西柚蜂蜜茶可以利用周末或者空闲的晚上制作，储存在冰箱里，就可以随时享用了。

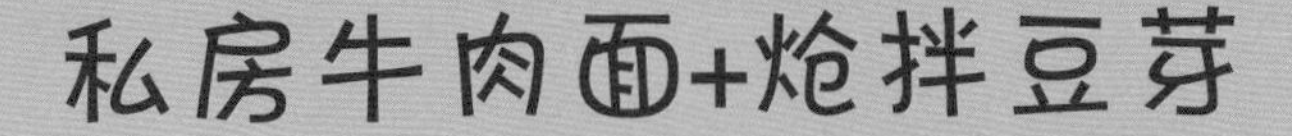

私房牛肉面+炝拌豆芽

阴沉天气，好像身体都被冷风吹透了。特别想回家吃一碗热气腾腾、滋味十足的牛肉面。吸收了牛肉汤精华的萝卜片入口就化，卤得软烂的牛肉片唇齿留香，鲜红的辣椒油看上去就让人充满了食欲。酸气开胃的扁豆芽用花椒油炝过，发出刺啦的声响。这样的一碗牛肉面，带来的不仅仅是味蕾的满足，更多的是家的温暖。

本餐制作步骤：

烧水煮面→煮肉汤→面条捞出→焯豆芽→准备豆芽的调味汁并淋在豆芽上→将面条做好→炸花椒，炝拌豆芽

私房牛肉面

食材：

★绿萝卜1小截，卤牛肉1块，卤牛肉汤1小碗，干面1小把，开水1碗，葱、蒜苗、香菜、辣椒油各适量。

1.将萝卜、牛肉切片。卤牛肉汤加入开水放入锅中。

2.煮开牛肉汤，下入萝卜片和牛肉片，一直煮到萝卜片绵软，关火。

3.另取一锅烧水，水开后下入干面。

4.将葱、蒜苗和香菜切碎。

5.将煮好的面捞出放在碗里，将煮软的萝卜片和牛肉摆放在面条上。浇上牛肉汤，撒入蒜苗、葱和香菜，淋上一勺辣椒油即可。

炝拌豆芽

食材：

豆芽1把，干红辣椒1根，葱1小段，白糖1/2小勺，盐1/2小勺，醋2大勺，生抽1大勺，花椒10粒，食用油适量。

TIPS:

* 做私房牛肉面时，萝卜片尽量切得薄一些，便于入味和软烂。
* 做私房牛肉面时，如果没有现成的卤牛肉汤，那就用一块浓汤宝加水也可以。
* 炸花椒的时候，一定要热锅冷油，待花椒变色就关火。

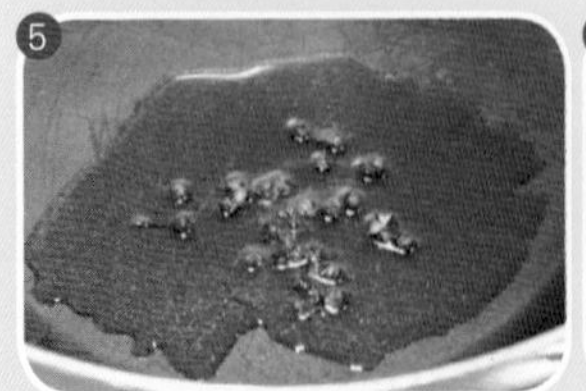

1.将豆芽、葱清洗干净，葱切圈。

2.将豆芽焯水后捞出备用。

3.取一只没有水的碗，将白糖、盐、醋、生抽、干红辣椒混合均匀，做成调味汁。

4.将切好的葱和豆芽放在一起，淋上调味汁。

5.热锅冷油，放入花椒炸香，花椒变色后关火。

6.将花椒油淋在豆芽上后，挑出花椒粒，拌匀即可。

虎皮尖椒+榄菜肉沫拌面

TIPS:

• 制作虎皮尖椒时，干锅煸香辣椒即可，不需要放油，而且干煸能更好地保留辣椒的香味，且不油腻。

• 如果喜欢吃辣，可以在虎皮尖椒起锅前加入一小勺老干妈豆豉，就能制作老干妈虎皮尖椒。

• 榄菜下锅后容易飞溅，所以下榄菜时需要用小火，快速炒开然后迅速加水。

小时候，总是喜欢吃妈妈做的虎皮尖椒。香醋酱汁的开胃、辣椒煎香后淡淡的甜、辣椒子在唇齿间崩裂的辣意……这样简单的食物，总能给人美好的感觉。学会这样的小菜，配合家常的拌面，就能时时刻刻尝到妈妈的味道了。

本餐制作步骤：

虎皮尖椒→炒制榄菜肉沫→煮面的同时焯熟青菜

虎皮尖椒

食材：

尖椒4个，蒜2瓣，生抽1大勺，老抽1/2大勺，香醋2大勺，糖、盐、鸡精各适量。

1.将尖椒洗干净。蒜切片。

2.热锅，不要放油，放入尖椒中火煎香，直到尖椒变软，表皮起泡出现纹路。

3.放入蒜片略微炒香。

4.依次倒入其他食材，稍加一点水略微熬煮让酱汁黏稠。盛出尖椒后，将酱汁淋在表面即可。

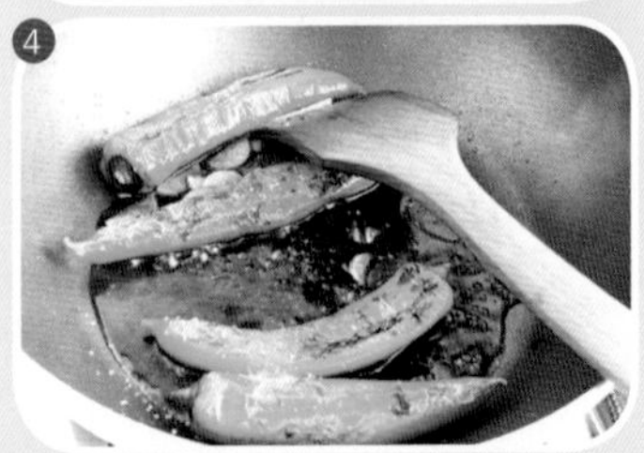

榄菜肉沫拌面

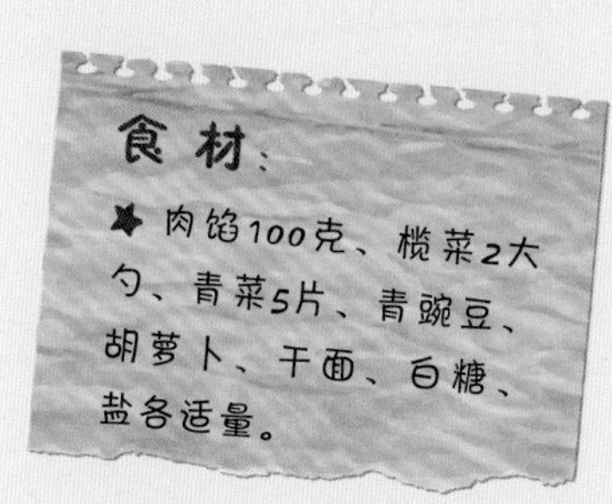

1.将青菜清洗干净。胡萝卜切丁。
2.锅内热油，下肉馅炒散。
3.炒到肉馅变色散开，下入胡萝卜丁与青豌豆一同翻炒均匀。
4.加入榄菜翻炒均匀。
5.加入少量水略微炖煮，用白糖、盐调味即可关火。
6.干面煮熟，盛放在碗里。将焯熟的青菜摆放在面条周围，淋上炒好的榄菜肉沫，拌匀即可。

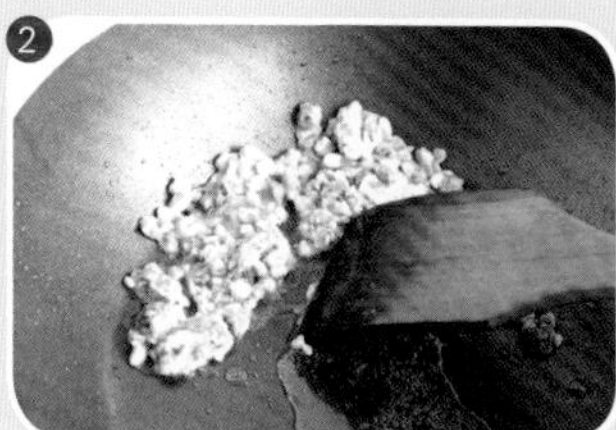

菠萝炒饭+草莓奶昔

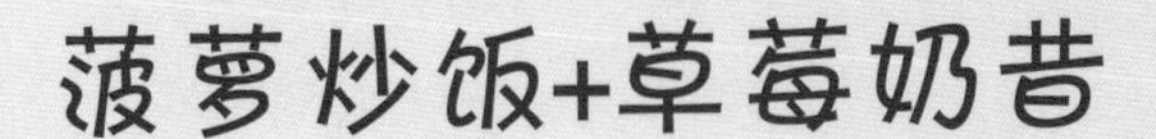

TIPS:

• 如果在菠萝炒饭中加入一些肉松味道会更好。肉松可以在放入菠萝块炒匀后加入。

• 一般奶昔中都会加入冰块，但考虑到过于冰凉的食物不利于女性身体健康，因此选用冷藏过的牛奶就可以了。

富含维生素的清甜水果是各种季节必不可少的滋润品。而把水果加入餐点，不仅让餐点变得色彩缤纷，吃起来也会心情明媚，更重要的是味觉也被带动到了夏天。这样甜美的餐点，是甜美女生当仁不让的午餐选择，甜美一个下午，甜蜜一个夏天。

本餐制作步骤：

菠萝炒饭→草莓奶昔

菠萝炒饭

1.将鸡蛋打成鸡蛋液，锅中放油，下入鸡蛋液炒熟后切小块。菠萝切小丁。
2.将蟹肉棒、红彩椒、胡萝卜切小丁。木耳切碎。
3.锅内热油，下米饭炒松散。
4.下入菠萝丁之外的其他材料炒匀。
5.下入菠萝丁翻炒均匀，调入盐和胡椒粉即可。

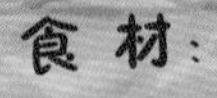

食材：

★鸡蛋1个、菠萝150克、玉米粒20克，木耳2朵，胡萝卜30克，蟹肉棒2根、毛豆30克，红彩椒20克、剩米饭1小碗，盐、胡椒各适量。

草莓奶昔

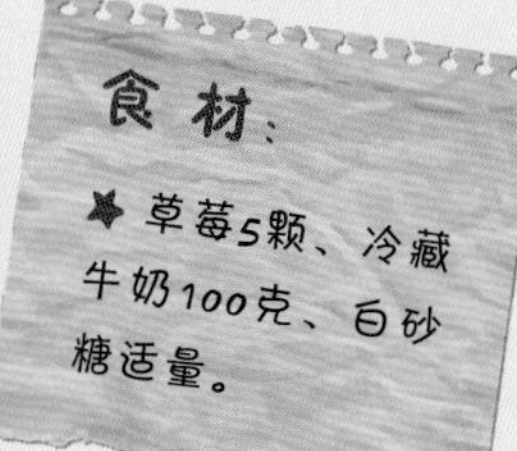

食材：

★草莓5颗、冷藏牛奶100克、白砂糖适量。

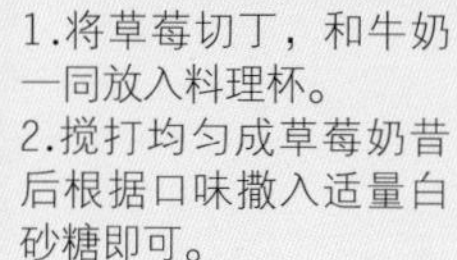

1.将草莓切丁，和牛奶一同放入料理杯。
2.搅打均匀成草莓奶昔后根据口味撒入适量白砂糖即可。

私房小炒馒头块+冬瓜紫菜汤

TIPS:

• 这一餐无论是主食还是汤水，都只用了最简单的调味料，这样的好处是能最大限度地保持食物原本的香味。

• 做私房小炒馒头块的馒头最好是剩馒头，如果用刚蒸出来的馒头制作，最好在冰箱内放置一段时间，这样馒头才能更有嚼劲。

• 配菜可以在头天晚上提前准备好，用保鲜盒收在冰箱里，第二天要炒制的时候直接烹煮就可以了。

周末加班，没时间去超市采购，冰箱里只有剩下的馒头、几个鸡蛋、半根火腿肠。如果连续吃了一个星期的外卖，那份油腻想起来都觉得毫无胃口。如果有一份清爽简单的汤先来温温胃，再组合口味不要太重的小食，让胃肠也轻松一下该有多好。其实这也不是那么难的，10分钟，满足所有的愿望！

本餐制作步骤：

炒馒头块→烧开水的同时准备好冬瓜等原料→煮汤

私房小炒馒头块

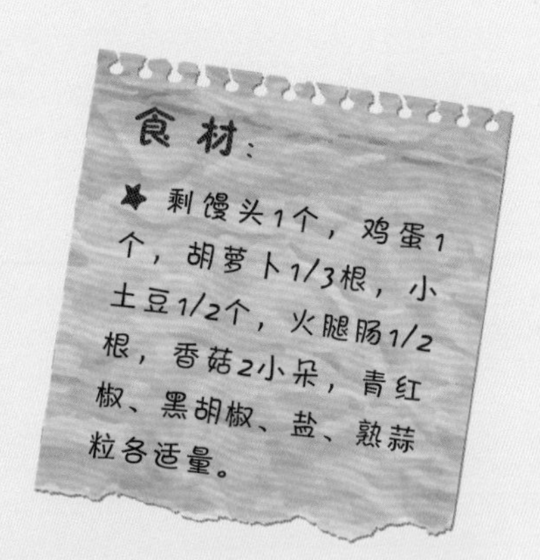

1.将馒头切块。胡萝卜、土豆、火腿肠、香菇、青红椒切丁。
2.将鸡蛋打散，加入少许盐。
3.将打好的鸡蛋液倒入馒头块中拌匀，尽可能让每一块馒头都吸收鸡蛋液。
4.油热后下馒头块炒到表皮金黄酥脆，盛出备用。
5.锅内留一点油，倒入步骤1中切好的配菜，大火翻炒均匀。
6.撒入黑胡椒调味。
7.将炒好的馒头块倒入配菜中，翻炒均匀。
8.撒入熟蒜粒，炒匀即可。

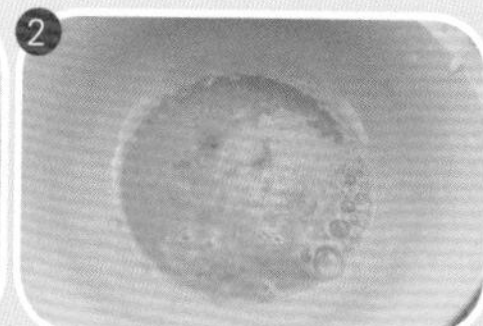

冬瓜紫菜汤

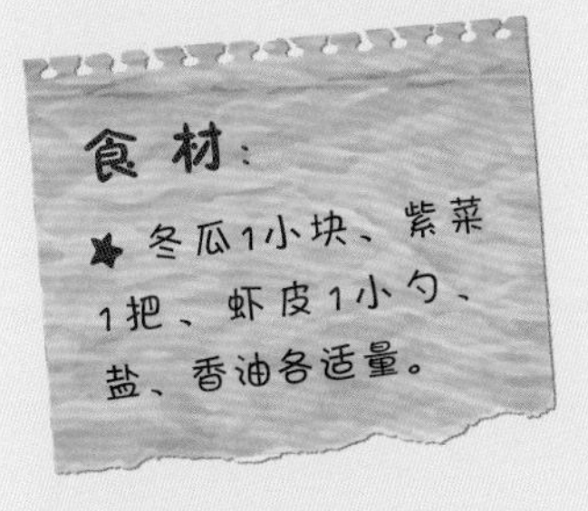

1.将冬瓜切块。虾皮、紫菜清洗干净，沥干水分。
2.锅内烧水，水开后下入冬瓜和虾皮。
3.冬瓜绵软后下入紫菜，稍煮至紫菜变软。
4.起锅前用盐、香油调味即可。

蚝油生菜+茭白毛豆炒腊肉+葱花烫面饼

工作日的晚上，肚子已经空荡荡，能量在整个白天也消耗得差不多了。就想吃到家常又简单的饭菜，吃到肠胃习惯的饭菜。这种时候，虽然是普通的快手菜，却也能真正缓解疲惫。

本餐制作步骤：

蚝油生菜→茭白毛豆炒腊肉→加热提前做好的葱花烫面饼

蚝油生菜

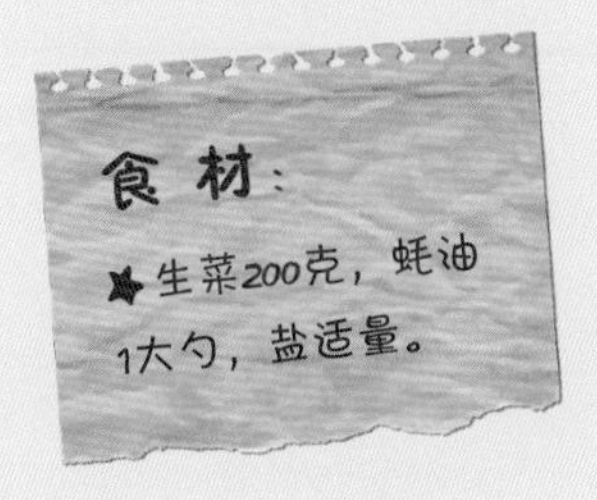

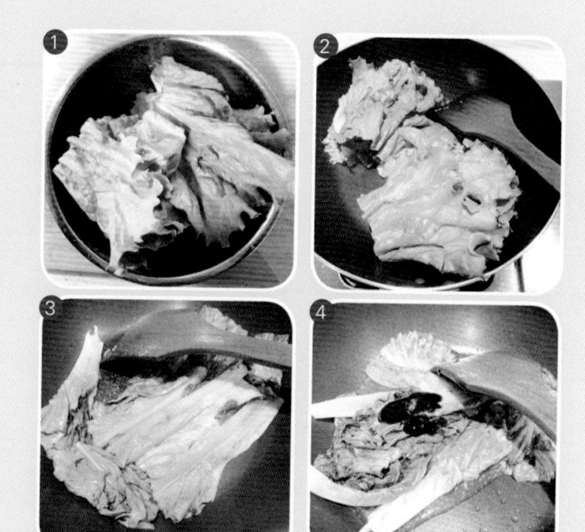

1.将生菜清洗干净，切成两段。

2.锅内放油，油热后调为中火，下生菜翻炒。

3.炒到生菜变软出水后，调入一点盐。

4.生菜炒到水分较多的时候关火，放入蚝油，利用锅内余温翻拌均匀即可。

茭白毛豆炒腊肉

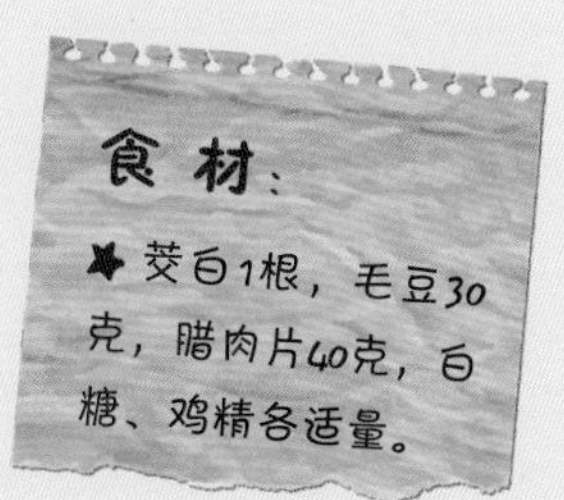

1.将茭白切片。毛豆清洗干净。

2.干锅不放油，下腊肉片煸炒出油。

3.放入毛豆和茭白，与腊肉一同翻炒至茭白边缘略微出现焦色后放入白糖和鸡精调味即可。

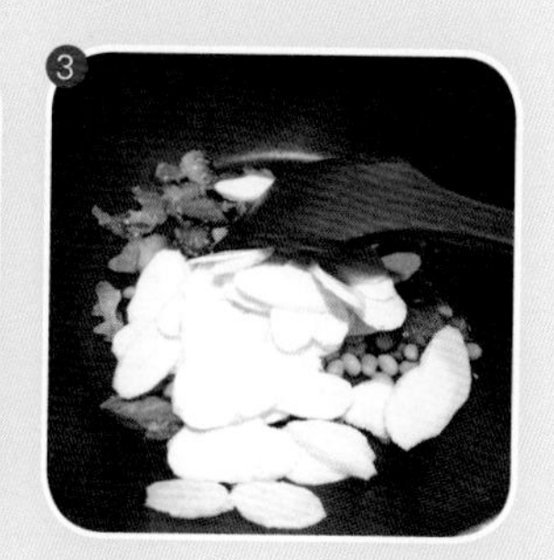

葱花烫面饼

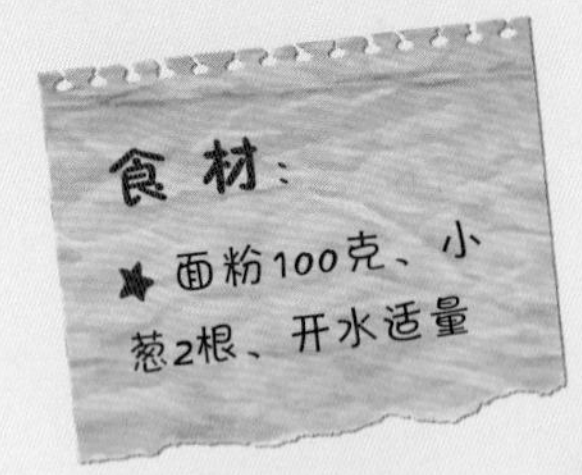

1.将小葱切葱花。
2.将面粉倒入较大容量的容器，分次加入开水，同时用筷子将面粉和开水混合起来，搅拌成面团。
3.最后揉成柔软的面团。
4.将面团5等分，取出一份整形，用擀面杖擀开，面皮表面撒葱花。
5.锅内刷一层油。
6.将面饼放入锅中，中火加热。
7.面饼一面烙好以后翻面加热，双面烙好后即可。

TIPS:

• 做蚝油生菜时，蚝油在关火后加入，利用余温翻拌均匀即可。

• 由于腊肉本身有较多油脂，所以基本不需要放油，另外腊肉比较咸，所以为了健康考虑并没有在茭白中再加盐。

• 烫面饼一定要用烧开的水和面，所以需要借助筷子将面粉和水混合均匀。

• 使用开水和面的水量要远远小于使用凉水揉面，所以加水一定要分次加，每次只加一点儿即可。

• 烫面饼可以在周末或者空闲的时候制作，平日当做早餐也是不错的选择。吃的时候，只要用干锅重新加热稍微烙制即可，味道和口感都和刚做出来的差不多。

• 如果希望葱花烫面饼有味道，在和面的时候可加入适量盐，但是不加盐的面饼有面粉原本的麦香和葱花的原香，也很不错。

二米饭+腐乳空心菜+椒丝鸡肉

忙碌的一天结束，回家的路上疲惫伴着轻松，夕阳暖暖地照在身上，空气里弥漫的是春天的温度和味道。一顿可口开胃的晚餐，正是放松身心的必备武器。坐在餐桌旁，慢慢地一口口咀嚼食物带来的欢愉，胃口和心灵都沉浸在这安静的夜晚里。

本餐制作步骤：

蒸二米饭→腐乳空心菜→椒丝鸡肉

二米饭

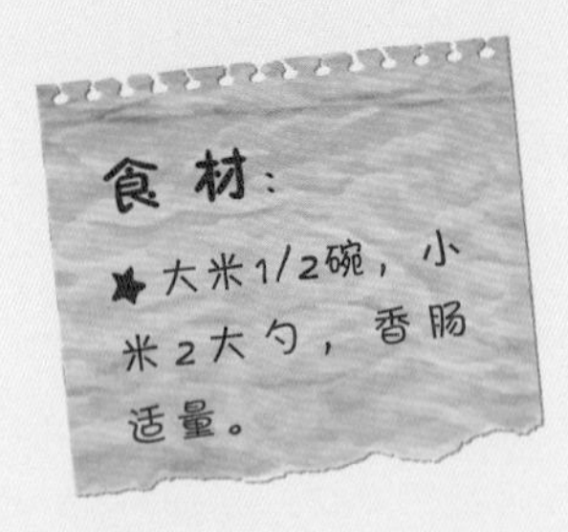

1.将香肠切片。洗净大米和小米。
2.将大米、小米放入电饭锅，待到水分基本收干，放入香肠，盖上锅盖继续将米饭焖熟。

腐乳空心菜

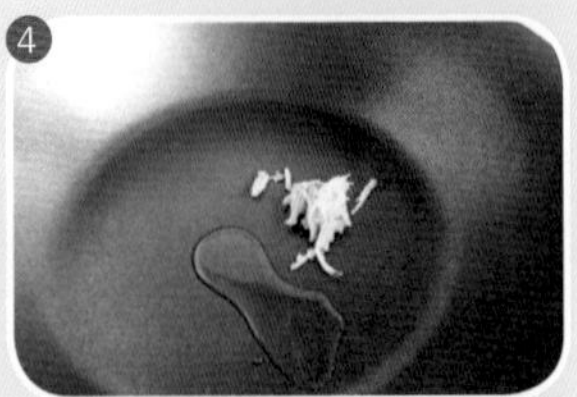

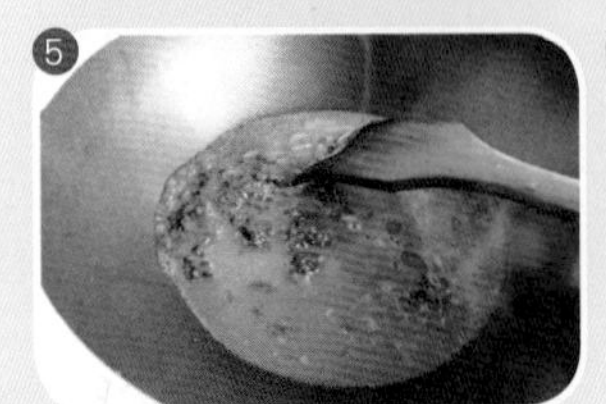

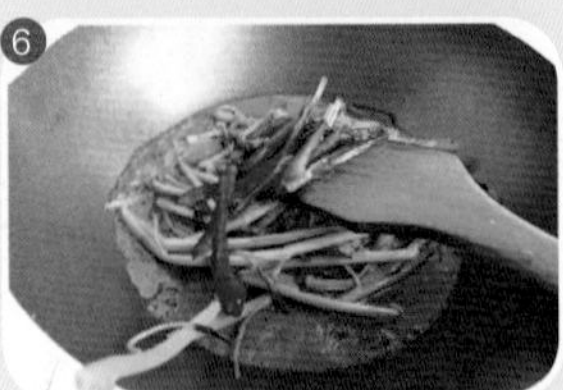

食材：

★腐乳3块、空心菜150克、红椒1/2个、青椒1/2个、独头蒜1颗、姜丝适量。

1.将所有食材清洗干净。青椒、红椒切丝。
2.将腐乳压碎。独头蒜切成蒜蓉，与腐乳拌合在一起。
3.锅内油热后下空心菜炒软，炒出水分后捞出。
4.重新倒入少量油，下姜丝炒香。
5.倒入蒜蓉腐乳汁，加入少量水，将黏稠的腐乳汁略微化开。
6.将切好的红椒丝、青椒丝与炒好的空心菜一同下锅，与腐乳汁炒匀盛盘即可。

椒丝鸡肉

食材：

红椒1/2个、青椒1/2个、鸡肉150克、蒜、姜、风味豆豉各适量。

1.将青椒、红椒洗净，切丝。鸡肉切丝。蒜切片。姜切丝。
2.油热后下鸡肉丝炒散。
3.炒到鸡肉丝变色发白，全部炒散后，下入姜丝和蒜片翻炒出香味。
4.下青椒丝、红椒丝快速翻炒。
5.倒少量的水翻炒均匀。
6.可以根据自己的口味加入风味豆豉酱，如果不喜欢辣味的也可以不加入。

• 用小米和大米混合蒸出的二米饭带有小米的清香，也更加健康。

• 腐乳下锅时容易溅出来，所以倒蒜蓉腐乳酱的时候，一定要用小火。

• 炒鸡肉的时候只要鸡肉颜色一变白就可以下蒜和姜。不要炒过长时间，否则鸡肉会变老。

• 加入少量的水会使鸡肉的口感变嫩。

• 风味豆豉酱可加可不加，根据个人口味。

胡萝卜米饭+老干妈肉沫青椒圈+蔬菜杂丁炒

温度不高的早春，空气里还有微微的凉意。有点冰凉的指尖需要一大碗热乎乎的饭菜提供温度，虽然冰箱里没有过多的食材，但是经过你的精心烹饪也能变出一顿营养丰富的美味晚餐。爽脆又开胃，饭和菜拌合在一起吃，呼呼噜噜地吃下去，好满足！

本餐制作步骤：

胡萝卜米饭→蔬菜杂丁炒→老干妈肉沫青椒圈

胡萝卜米饭

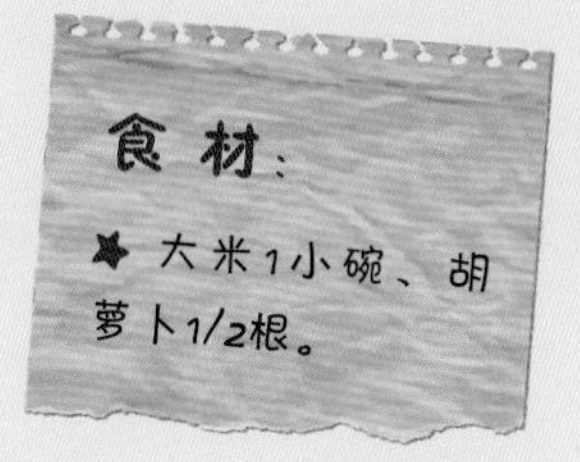

食材：

★ 大米1小碗、胡萝卜1/2根。

胡萝卜切丁，与大米一同放入电饭锅内焖蒸即可。

TIPS：

• 由于豆豉辣酱本身含有较多的油，肉馅也会出油，所以老干妈肉沫青椒圈这道菜在最初放油的时候一定要少。

• 蔬菜杂丁炒中的各种配菜可以根据手头上现有的蔬菜来决定，当然最好是用当季的新鲜蔬菜。

• 黑胡椒最好用带有颗粒感的胡椒碎，会比用胡椒粉味道更好。

• 香油可加可不加，淋上一点儿味道会更香。

蔬菜杂丁炒

食材：

洋葱1/4个，培根1片，土豆1/2个，青豌豆2大勺，腌渍杏仁片1大勺，熟芝麻2小勺，黑胡椒碎、盐各适量。

1.将洋葱、培根、土豆切丁。
2.油热后下洋葱丁炒香。
3.下土豆丁略微翻炒。
4.下入培根丁、青豌豆和腌渍杏仁片一同大火快速翻炒均匀。
5.调入一点儿盐、黑胡椒碎，放入熟芝麻一同拌炒均匀。
6.起锅前淋上一点香油。

老干妈肉沫青椒圈

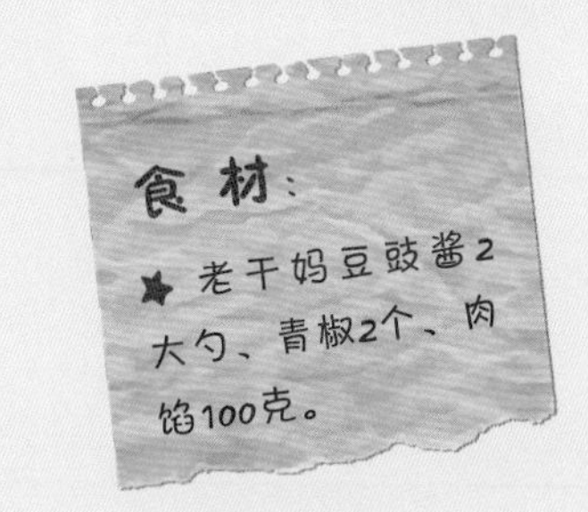

1.将青椒清洗干净。
2.青椒横切成圈。
3.油热后下入肉馅炒散。
4.炒到肉馅变色散开，下入青椒圈一同翻炒。
5.炒出香味后，下入2大勺老干妈豆豉酱，炒匀即可。

香菇木耳炒番瓜+干锅娃娃菜+腊味蛋羹

有时候，健康晚餐需要蔬菜主打，肉类只能去做配角。但即便只有蔬菜，也一定不能亏待自己的味觉。鲜美多汁、浓香四溢又健康调理的纯素快手晚餐，是快手健康晚餐的不二选择呢！

本餐制作步骤：

腊味蛋羹→香菇木耳炒番瓜→干锅娃娃菜

香菇木耳炒番瓜

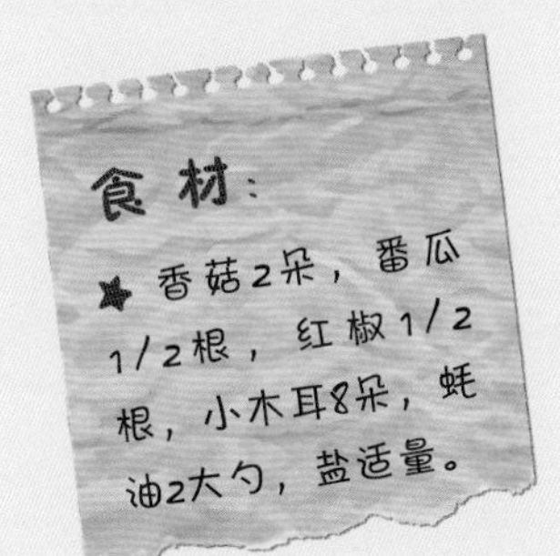

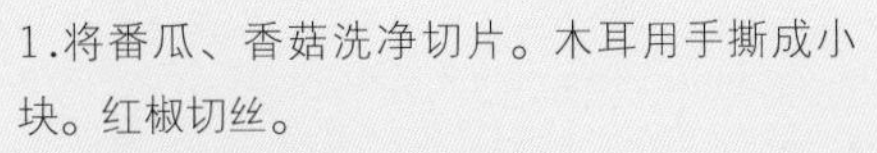

1.将番瓜、香菇洗净切片。木耳用手撕成小块。红椒切丝。

2.油热后将全部蔬菜下锅快炒。

3.炒到番瓜略微变软、变透明，调入一点儿盐、蚝油，炒匀即可。

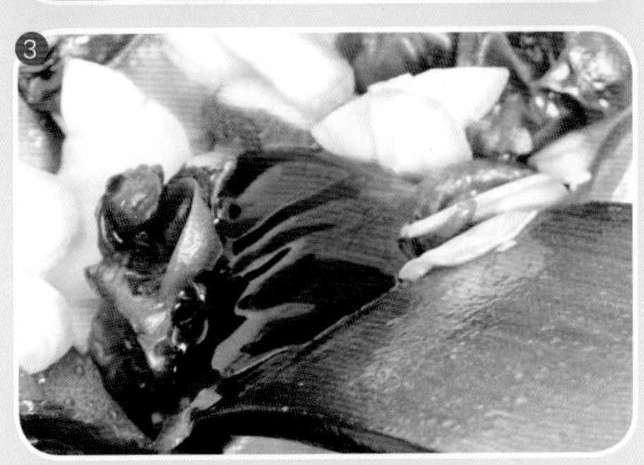

干锅娃娃菜

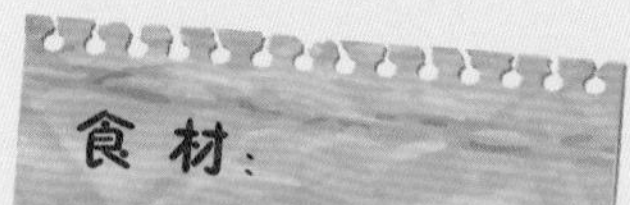

食材：

娃娃菜1棵，腊肉30克，红椒1/2根，蒜3颗，干红辣椒3根，葱1小段，花椒粒1小撮，生抽2大勺，白糖1小勺，料酒1大勺，盐适量。

1.将娃娃菜切条。红椒切丝。腊肉切厚片。蒜切片。葱切丝。
2.热锅冷油下入花椒粒，炒香并炒到油热。
3.下入葱丝、干红辣椒、蒜片一同炒香。
4.倒入腊肉片，煸炒出香味，直到肉片边缘出现焦色，煸炒出油即可。
5.下切好的娃娃菜和红椒丝，大火翻炒。
6.直到娃娃菜变软出水，倒入生抽、料酒，加白糖一同翻炒均匀，起锅前用一点儿盐调味即可。

腊味蛋羹

- 炸花椒的时候一定要用热锅冷油炸，否则花椒会因为油温太高迅速变黑、变煳。
- 腊肉可以切得厚一点，这样在煸炒的时候才能既煸炒出油且不会煳锅。
- 腊肉本身带有较多的油脂，所以制作娃娃菜的时候可以少放一些油。
- 做腊味蛋羹时鸡蛋液中加入的最好是温水。水和鸡蛋液的比例是2:1。
- 在盛鸡蛋液的容器上蒙一层保鲜膜，蒸出来的蛋羹表面会比较光滑好看。另外需要开水上锅蒸，蒸的时候调整为小火。

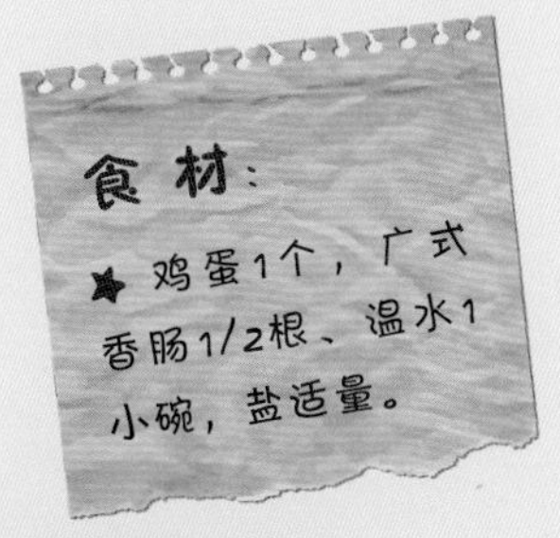

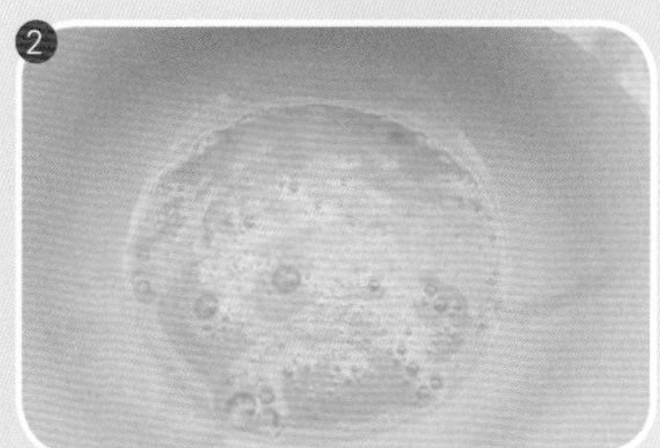

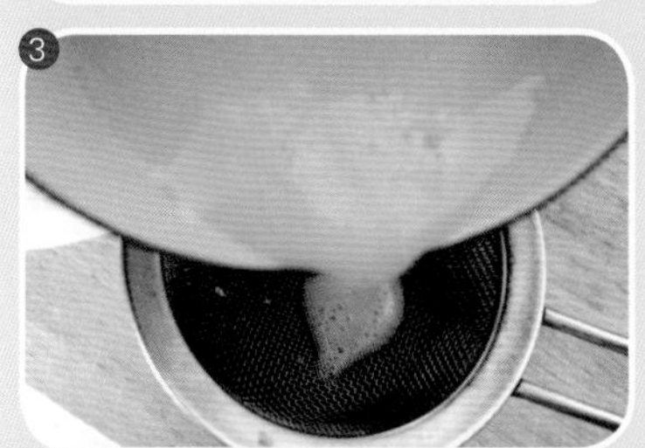

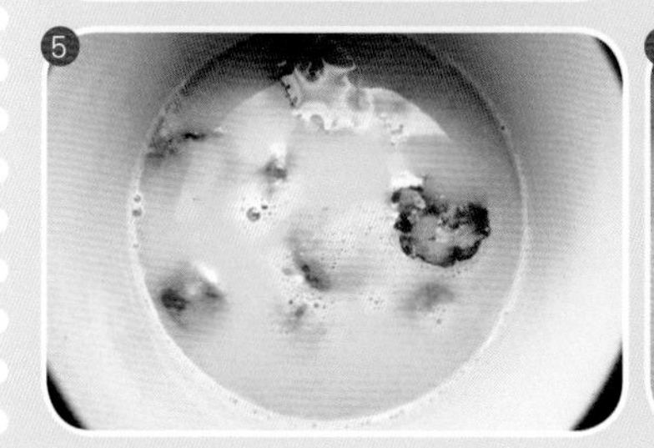

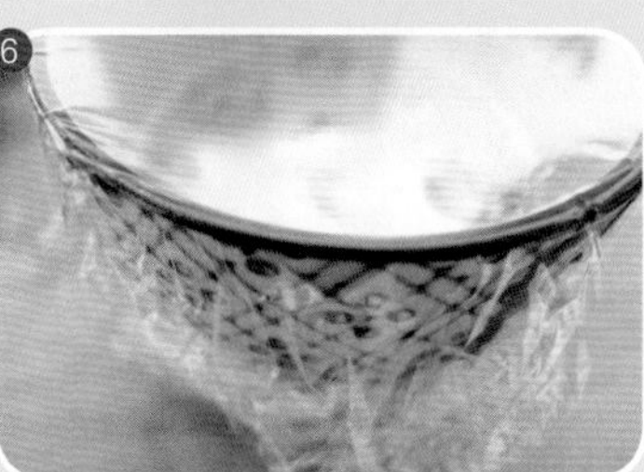

1.将鸡蛋磕入碗中，加少量的盐一同打散。

2.在打匀的鸡蛋液中加入温水，搅打均匀。

3.将打好的鸡蛋液在漏网中滤去泡沫和蛋筋。

4.将广式香肠切片。

5.将广式香肠放入鸡蛋液中。

6.在容器上蒙上一层保鲜膜，上锅小火蒸到鸡蛋液表面凝固即可。

柚子鲜虾沙拉+酱烤三文鱼+番茄蔬菜浓汤

蔬菜和水产品可是当仁不让的健康营养食品，富含各种维生素和蛋白质，脂肪含量又少，加上清甜柚子多汁清热。在逐渐升温的春天，这样的晚餐组合，早早为夏天的美丽做了准备。

本餐制作步骤：

番茄蔬菜浓汤→在炖煮浓汤的时候可以烧烤三文鱼→拌沙拉

柚子鲜虾沙拉

食材：

柚子果肉200克，大虾10只，青椒1/2个、红椒1/2个，香菜适量，橄榄油3大勺，苹果醋2大勺，鲜贝露（或美极鲜酱油）1大勺，意式混合香料1小勺，黑胡椒碎1小勺，盐1/2小勺。

1.将柚子果肉掰成块。大虾煮熟去皮。青椒、红椒切块。香菜切末。
2.将调味料混合在一起，搅拌均匀做成沙拉酱汁。
3.将柚子、鲜虾、青椒、红椒和香菜混合在一起，淋上沙拉酱汁，拌匀即可。

酱烤三文鱼

食材：

三文鱼1块，叉烧酱2大勺，蜜汁烤肉酱1大勺，豉香辣椒酱1大勺，黑胡椒碎、盐各适量。

TIPS:

• 如果没有鲜贝露或者美极鲜酱油，用普通的生抽或鱼露均可。

• 三文鱼可以在头天晚上腌渍，放入冰箱一夜，第二天烧烤味道会更好。

• 制作少量的汤水的时候，小奶锅非常方便，既能避免烹煮食物油星飞溅，也好掌握分量。番茄蔬菜浓汤的材料，可以在前一天或者早晨提前准备，这样制作更加省时省力。

1.将三文鱼两面涂抹均匀盐和黑胡椒碎。
2.将各种酱料混合均匀，做成烧烤酱汁。
3.在三文鱼两面刷上一层厚厚的酱汁，淋上少许橄榄油，烤箱200℃预热，加热8～10分钟即可。

① 

② 

③ 

番茄蔬菜浓汤

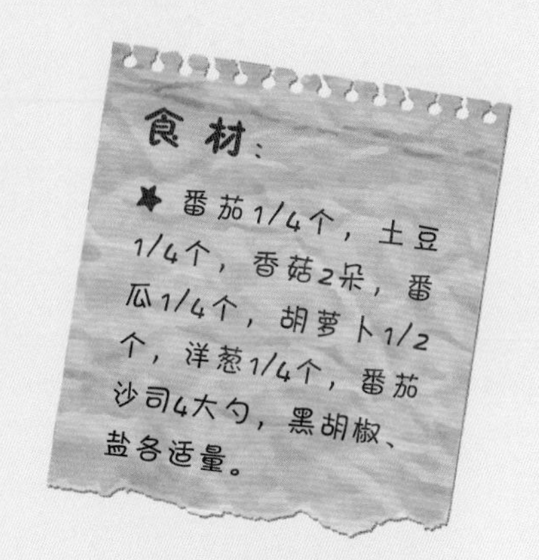

1.将洋葱切丝。香菇切片。其他蔬菜切丁。
2.小奶锅内倒入少许油，油热后下洋葱丝煸炒出香味。
3.下入番茄丁翻炒，直到出水，炒的时候可以用铲子将番茄丁按压一下，使其更快软烂。
4.下入其他蔬菜翻炒均匀。
5.倒入可以没过蔬菜的水，加入番茄沙司，搅拌均匀。
6.盖上锅盖用中火焖炖，直到蔬菜变熟，汤汁浓稠，起锅前用黑胡椒和盐调味即可。

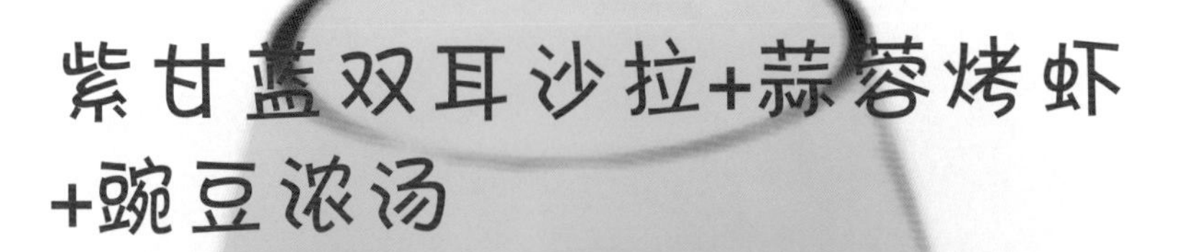

早春的沙尘天，窗外萧瑟一片，披着冷风走进家门，把寒意关在门外。洗手换衣做羹汤，外面再呼啸，内心却因为这样一顿晚餐而静谧。属于家的夜晚，带着温情的味道，平静踏实，大约就是幸福吧！

本餐制作步骤：

蒜蓉烤虾→豌豆浓汤→紫甘蓝双耳沙拉

紫甘蓝双耳沙拉

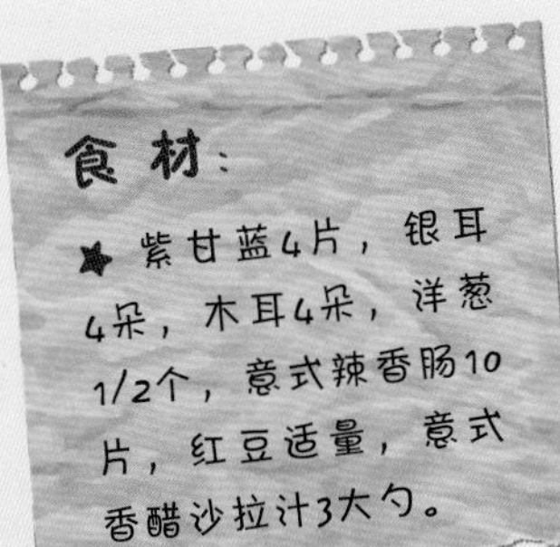

1.将洋葱切丝。意式辣香肠切片，银耳和木耳用手撕成小块。
2.热锅不放油，将辣香肠略微煎香。
3.将沙拉所需材料放入大碗中，调入沙拉汁拌匀即可。

蒜蓉烤虾

★大虾4只，黄油20克，独头蒜1颗，黑胡椒颗粒、盐各适量。

1.将虾从背部剪开，挑断虾筋。蒜切成蒜蓉。
2.将黄油软化，倒入蒜蓉、黑胡椒和盐。
3.将黄油和蒜蓉搅拌均匀，制成蒜蓉黄油酱。
4.将蒜蓉黄油酱填充在虾肉上，尽量用勺子按压，使酱变得紧实。
5.烤箱预热至200℃，烤制8～10分钟，黄油基本融化，大虾变红即可。

豌豆浓汤

食材：

青豌豆120克，动物性鲜奶油2大勺，干紫苏1小勺，盐适量。

1.将豌豆清洗干净，略焯水，放入搅拌机搅打成糊。
2.将豌豆糊倒入锅中煮沸，加入鲜奶油搅拌均匀。
3.撒入干紫苏，起锅前用盐调味即可。

TIPS:

• 制作紫甘蓝双耳沙拉时，如果怕洋葱太辣，可以事先在冷藏室里放置一段时间。

• 制作紫甘蓝双耳沙拉时，如果没有意式香醋沙拉汁，可以参考“柚子鲜虾沙拉”（见P43）中沙拉酱汁的做法。

• 在烤虾的黄油蒜蓉酱中加入少许柠檬汁味道会更鲜美。

第二章　营养丰富不单调的早中晚餐20分钟烹饪法

一、营养早餐就要这么吃

枫糖香蕉麦芬+红豆沙小圆子

* 制作麦芬的时候，干、湿料不需要混合得完全均匀，只要看不到干料即可。混合的时候一定要快速搅拌。
* 烤箱在烘烤食物前都需要提前预热，预热时间大约为5分钟。
* 制作好的甜点一般可保存在冰箱内一个星期左右，因为不添加任何防腐剂，所以还是要尽快吃完。
* 麦芬从冰箱取出后，可以在烤箱内加热3～4分钟，味道会更好。

周末空闲的时间烘焙的点心，不仅仅可以扎了丝带作为礼物送给同事朋友，更可以出现在自己的早餐桌上。把健康、美味、放心带给自己，努力做一个爱护自己、积极生活的人。

本餐制作步骤：

加热麦芬→煮红豆沙小圆子

枫糖香蕉麦芬（4个）

食材：

✤低筋面粉100克，香蕉1根，泡打粉1小勺，小苏打1/4小勺，鸡蛋30克，枫糖糖浆30克，白砂糖40克，植物油50毫升，牛奶65毫升。

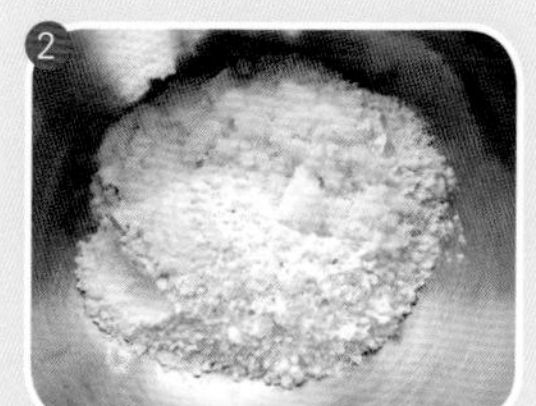

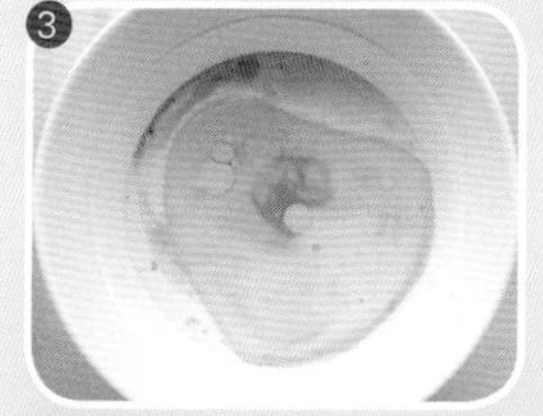

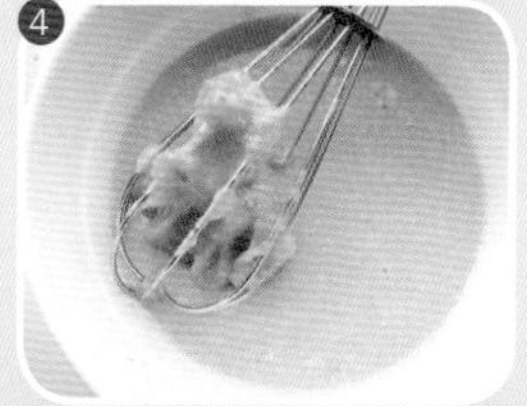

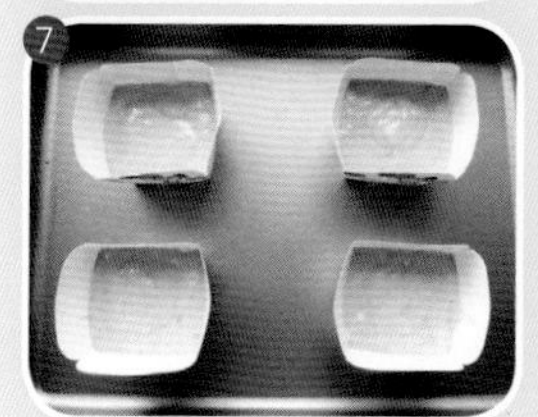

1.将香蕉用勺子压成香蕉泥。
2.混合低筋面粉、泡打粉、小苏打和白砂糖，搅拌均匀。
3.另取一个碗，在其中放入鸡蛋、牛奶、植物油、枫糖糖浆，搅打均匀。
4.在牛奶鸡蛋液里加入香蕉泥，搅打均匀。
5.将液体配料全部倒入粉类配料中。
6.混合液体配料和粉类配料，将其翻拌在一起，不需要搅拌得非常均匀，有一些小块儿没有关系，只要看不到干粉即可。
7.迅速将混合好的面糊分装在纸模中。
8.烤箱预热至170℃，烘烤25分钟即可。

红豆沙小圆子

1.锅内放少量水（大约2碗）烧开后下入小圆子。
2.小圆子煮熟后转为小火，加入红豆沙，使红豆沙均匀地溶于水后，熬煮黏稠即可。

香蕉煎饼+南瓜米浆

TIPS:

• 南瓜米浆中如果加入大米的分量较多的话，米浆会更为浓稠。

• 南瓜和大米可以在头天晚上泡在豆浆机内，第二天一早直接打成米浆即可。

• 南瓜尽量切薄片或者小丁，便于搅打。

香蕉的甜和南瓜的甜分不同、味道不同、颜色也不同。但是，给这个清晨带来的甜蜜感受，却是相同的。

本餐制作步骤：

南瓜米浆→香蕉煎饼

南瓜米浆

食材：

南瓜250克、大米40克。

1.将南瓜清洗干净切片。

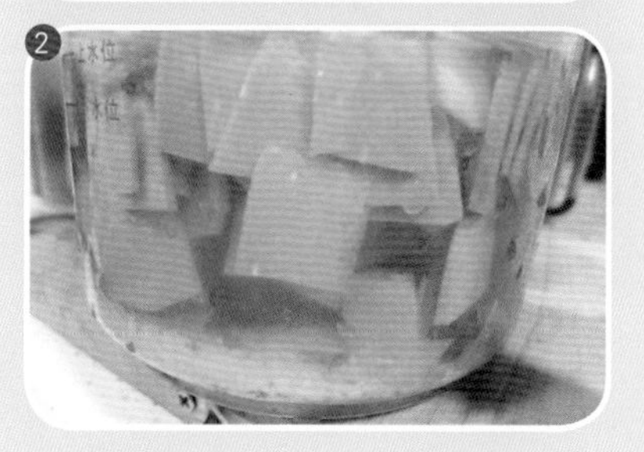

2.将南瓜和大米一同放入豆浆机，选择果蔬浓汤项搅打。

香蕉煎饼

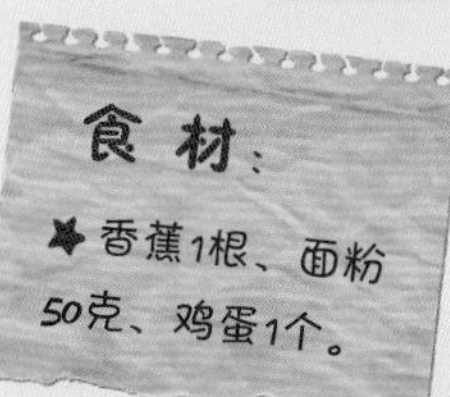

食材：

香蕉1根、面粉50克、鸡蛋1个。

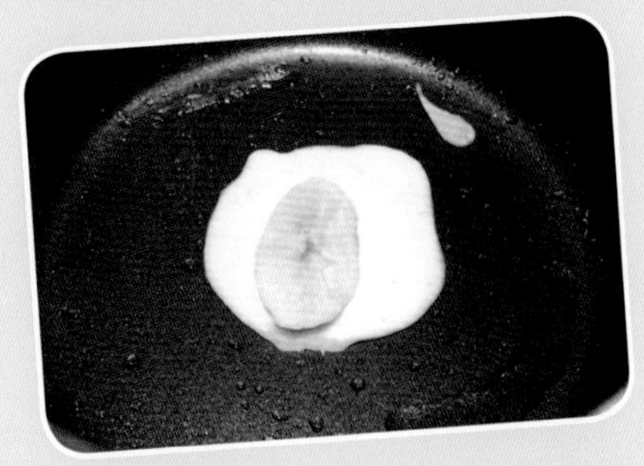

在面粉中直接打入鸡蛋，拌和成面糊。在锅内刷一层油，然后用勺舀出面糊，自然滴落在锅底，等一面凝固后压上一片香蕉片，再翻面定型即可。

迷你吐司比萨+水果早餐红茶

- 面包可以随个人喜好，其实各种吐司都是可以的。
- 蔬菜丁的种类可根据情况选择自己喜欢的食物或者家里现有的，直接利用起来。可以在前一天晚上就焯水，放在保鲜盒里，第二天就可以直接使用啦！
- 如果没有马苏里拉奶酪，其实用切达奶酪味道也很香浓，同样会有拉丝的效果哦。奶酪用擦丝器擦成碎屑，比用刀切方便许多。
- 冲泡红茶的水果也可以随意，但尽量使用耐煮的水果，比如苹果、梨等。苹果最好不要省略，因为苹果加热后，果香风味十足哦！

周日的早晨，吃味道丰富的色彩早餐，开始了浓香和甜美伴随的一天，让身体充满能量。储存快乐的小宇宙，下一个星期又要开始好好加油啦！还有什么能比简单易做又丰富的吐司比萨与水果红茶的配搭更让人觉得心满意足呢？

本餐制作步骤：

组装吐司比萨→烘焙→准备水果红茶的材料→制作水果红茶

迷你吐司比萨

食材：

全麦吐司2片，番茄酱2勺，牛至*1/4小勺，马苏里拉芝士、蔬菜丁、香肠片各适量。

1.蔬菜丁提前焯水，捞出备用。
2.在吐司上均匀涂抹一层番茄酱，撒上一层牛至。如果没有牛至，这一步可以省略，但是加上牛至会使比萨的味道更加正宗。
3.撒一层马苏里拉碎屑。
4.铺一层蔬菜丁。
5.再撒一层奶酪碎屑，并且在上面摆放好香肠片。
6.将面包片放在烤盘上，最后撒一层奶酪。烤箱提前预热至200℃，烘烤8~10分钟，看到奶酪融化，香肠表面变得略微焦黄，就可以啦！

水果早餐红茶

食材：

个头较小的苹果1个，草莓2颗，英式早餐红茶包2袋。

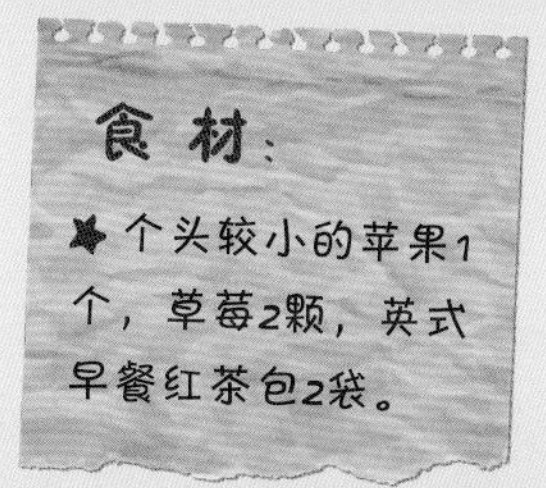

1.将草莓清洗干净。苹果切成瓣。
2.锅内烧水，将苹果和草莓放入，大火煮开，直到煮水果的水微微变色关火，冲泡红茶茶包，香甜的水果早餐红茶就好啦！

*牛至，又被称为比萨草，在制作西点面包及肉类料理时可用做香料。

番茄鸡蛋卷+薏米炖白粥

* 制作番茄鸡蛋卷时，番茄的分量要少一点，因为番茄水分比较多，容易弄破蛋皮。
* 卷鸡蛋皮的时候，一定要等鸡蛋皮定型的时候再卷。

不同的食物有不同的味道，薏米香甜，番茄酸香，让这两种食材“交汇”而成的独特香气为你的清晨带来好心情吧！

本餐制作步骤：

事先煮粥→粥在加热的时候做鸡蛋卷

番茄鸡蛋卷

食材：

番茄1/4个，洋葱1/4个，火腿8克，鸡蛋2个，肉松5克，盐2克，黑胡椒碎2克。

1.将番茄、洋葱和火腿全部切丁。
2.鸡蛋打成鸡蛋液后加入盐和黑胡椒碎。
3.锅内热油，炒香洋葱。
4.下番茄丁和火腿丁炒匀。
5.将翻炒好的蔬菜丁在锅内铺平，倒入鸡蛋液。
6.待到鸡蛋液基本凝固，表面撒肉松，将鸡蛋沿着一边卷曲。吃的时候切段即可。

薏米炖白粥

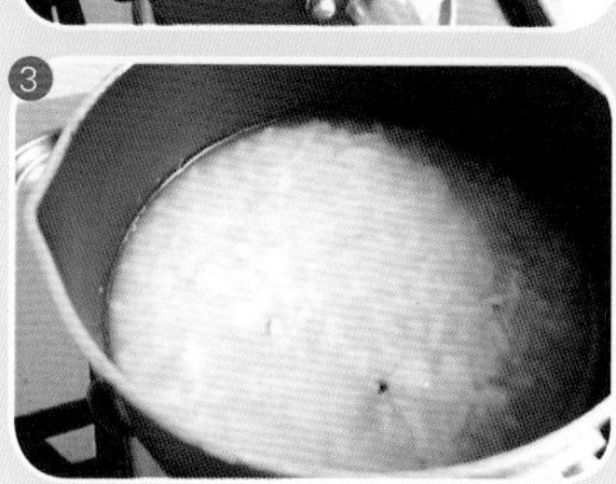

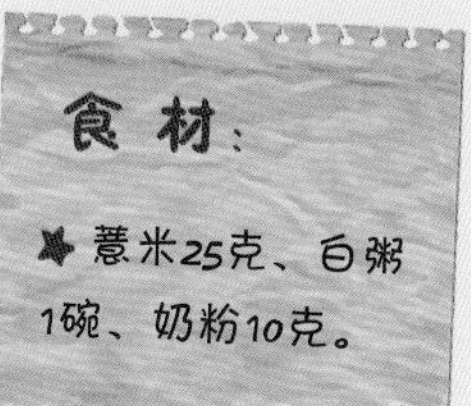

食材：

薏米25克、白粥1碗、奶粉10克。

1.锅内烧水，放入薏米。
2.将薏米煮到开花的状态。
3.加入白粥一同熬煮黏稠。
4.倒入奶粉，搅拌均匀即可。

港式黄金西多士+鸳鸯奶茶

TIPS:

- 吐司蘸鸡蛋液的时候，不需要浸泡很长时间，基本上轻压一下就可以了。
- 煎吐司的时候，可以先煎四边，使吐司定型，这样煎起来就不会散。
- 鸡蛋液最好过滤掉鸡蛋筋，可使吐司更容易吸收鸡蛋液。
- 如果为了节约时间，可以在前一天晚上将吐司、芝士片和火腿片切好。

松软的吐司吸饱了金黄的鸡蛋液，然后又包裹醇厚芝士和鲜美火腿，做起来也很简单。再冲泡一杯鸳鸯奶茶，简直就是绝妙配搭。明亮心情的早晨，就和金黄色的西多士一样!

本餐制作步骤：

制作港式黄金西多士→冲泡鸳鸯奶茶

港式黄金西多士

食材：

★全麦吐司2片，火腿2片，芝士片1片，鸡蛋1个。

1.将吐司的四边切掉。
2.修整芝士片和火腿。
3.在一片吐司上放一片火腿，再放芝士片，之后放另外一片火腿，最后盖上另外一片吐司。
4.用擀面杖将吐司的四边稍微压一下。
5.将鸡蛋液打散，过滤掉鸡蛋筋。
6.先将吐司的四边沾上鸡蛋液，之后将两面均匀地沾满鸡蛋液。
7.锅内放油，小火煎裹了鸡蛋液的吐司。
8.整个吐司煎到两面金黄即可。

鸳鸯奶茶

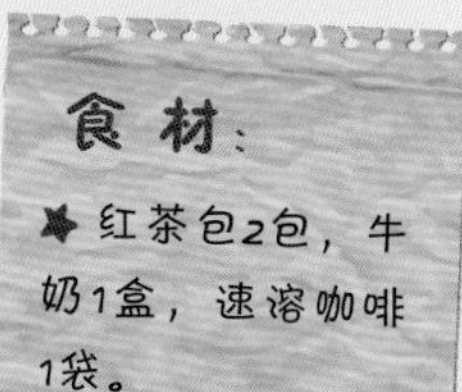
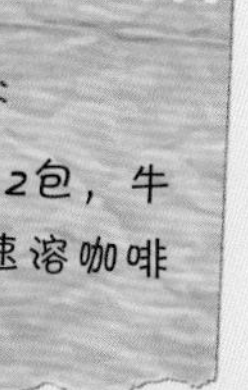

食材：

★红茶包2包，牛奶1盒，速溶咖啡1袋。

1.将咖啡倒入杯子里。
2.将牛奶倒入小奶锅，煮到沸腾前的状态。
3.放入红茶茶包，转为小火，继续煮。
4.奶茶煮开，变色后关火，将茶包里的汁液尽量挤出，丢掉茶包。
5.用煮好的奶茶冲泡咖啡，搅拌均匀即可。

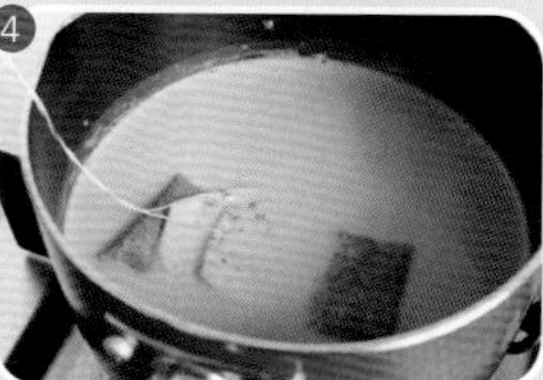

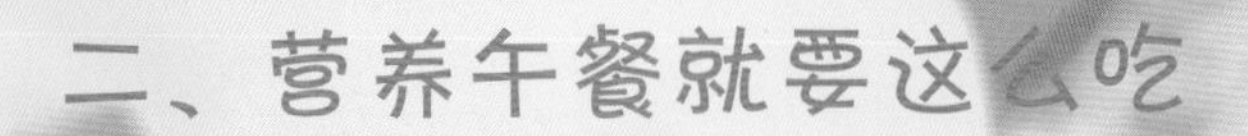
二、营养午餐就要这么吃

果香咖喱鸡肉饭+奶汤娃娃菜

浓郁咖喱酱汁是很多人的心头好，加入了苹果块的咖喱更富含东南亚的风情。牛奶熬煮的娃娃菜汤汁洁白，鲜香四溢。看到都觉得食指大动。唇齿留香的午餐，吃得满足，也吃得回味。

本餐制作步骤：

制作咖喱→同时制作娃娃菜

果香咖喱鸡肉饭

食材：

苹果1/2个，土豆1/2个，胡萝卜1/3个，洋葱1/2个，鸡脯肉100克，咖喱1块，米饭1碗。

1.将所有的食材全部切块。
2.锅内热油，下鸡脯肉块翻炒。
3.翻炒至鸡脯肉变色发白，盛出备用。
4.锅内留少许油，下入全部果蔬丁翻炒。
5.下入鸡脯肉块，与果蔬丁翻炒均匀后加水，分量与蔬菜持平。
6.略微炖煮到土豆绵软后，加入咖喱块。将咖喱块化开，炖煮到汤汁黏稠后盛出，与米饭配搭即可。

1

2

3

4

5

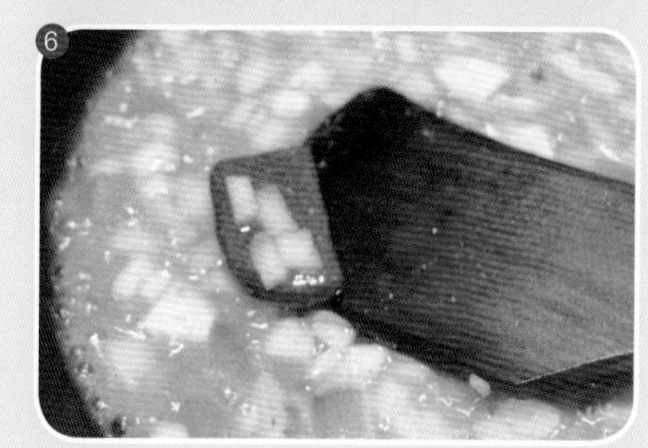

6

奶汤娃娃菜

食材：

★娃娃菜1棵，牛奶1袋，火腿片2片，盐、胡椒粉各适量。

TIPS：

• 制作果香咖喱鸡肉饭的时候，一定要加入苹果或者梨，味道才会更好。

• 制作果香咖喱鸡肉饭的时候，如果喜欢奶味的话，可以在熬煮咖喱的时候加入奶油或者椰奶。

1.将娃娃菜清洗干净，切条。火腿片切丁。

2.锅内热油，炒香火腿丁。

3.下入娃娃菜炒到出水变软。

4.倒入牛奶略微炖煮，起锅前用盐和胡椒粉调味即可。

酸豆角肉丝炒饭+杧果奶冻

TIPS:

* 酸豆角本身有一定的咸味，蚝油也有盐分，所以炒饭中盐的分量要尽量少。
* 如果没有吉利丁片的话，可以用等量的鱼胶粉代替，一片吉利丁片大约是5克。
* 杧果奶冻可以提前制作，不仅可以作为午餐组合，也可以作为小零食或者下午茶哦！

酸爽可口最是开胃，用酸豆角制作炒饭，吃起来酸爽清脆，一口一口不停嘴。奶香四溢的杧果奶冻入口就化，而香甜的味道却在嘴里弥久不散。每天的午餐，即便快捷，也是不能马虎的哦！

本餐制作步骤：

提前制作杧果奶冻→酸豆角肉丝炒饭

酸豆角肉丝炒饭

食材：

★酸豆角80克，肉丝50克，红彩椒30克，蚝油1大勺，剩米饭1碗，盐、葱、胡椒粉各适量。

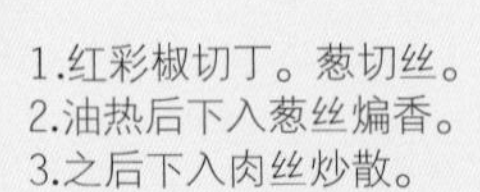

1.红彩椒切丁。葱切丝。
2.油热后下入葱丝煸香。
3.之后下入肉丝炒散。
4.炒到肉丝变色散开后，下入酸豆角和红彩椒丁一同翻炒。
5.炒好的酸豆角肉丝拨到锅的一边，之后将剩米饭倒入锅中炒散。
6.将炒散的米饭与酸豆角肉丝一同翻炒均匀后，加入蚝油，调入盐和胡椒粉，炒匀即可。

杧果奶冻

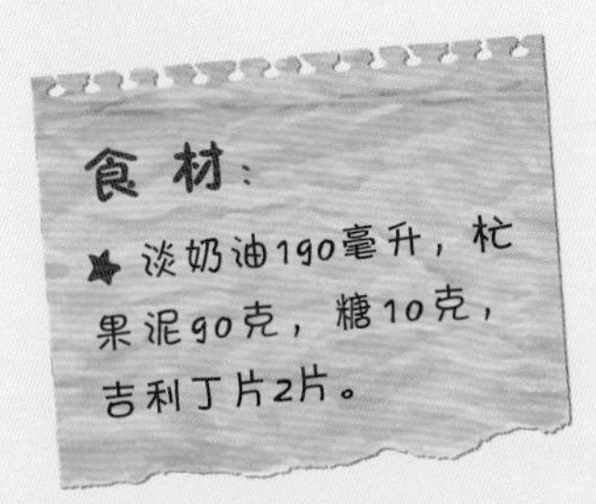

1.将吉利丁片放入碗中，用冷水泡软。
2.将淡奶油、杧果泥和糖一起放入锅中。
3.搅拌均匀后小火加热到微微沸腾的状态后关火放凉。
4.将泡软的吉利丁片挤掉水分后，隔水加热融化。
5.在冷却的混合杧果奶油中加入已经液化好的吉利丁液，搅拌均匀后倒入布丁瓶中，放入冰箱冷藏2小时以上即可。

1

2

3

4

5

冬笋腊味饭+果酱山药泥

浓郁酱香的腊味饭，每一粒都吸收饱满的酱汁，吃起来粒粒香浓。加入冬笋片以后，更是爽脆鲜香。蒸得熟透的山药绵软，调入果酱同样香甜可口。这样的午餐，总会让人对午休时间充满期待呢！每一口吃下去，都是幸福感受。

本餐制作步骤：

蒸山药→制作冬笋腊味饭→饭在锅内焖煮的时候制作果酱山药泥

冬笋腊味饭

食材：
大米150克，腊肉50克，广式香肠80克，冬笋片100克，时令青菜6片，小葱1根，水适量，生抽2大勺，老抽1大勺，蚝油1大勺、甜面酱1大勺，糖2小勺。

1.将洗净的大米加适量水放入塔吉锅（没有塔吉锅时其他锅也可），提前浸泡1小时以上。
2.冬笋、腊肉、广式香肠切片。葱切葱花。
3.盖上锅盖，开大火焖煮米饭大约1～2分钟后，待锅内沸腾、冒出蒸汽后转小火焖煮。
4.等到锅内水量减少，水分和米饭基本持平，米饭表面不断冒出小气泡的时候将火力调到最小。
5.在米饭表面铺上冬笋片、腊肉片和广式香肠片，之后盖上锅盖焖5～6分钟。
6.另取一锅，水开后焯烫时令青菜。
7.将酱汁材料放入碗中，搅拌均匀。
8.打开锅盖，放入酱汁和焯烫好的青菜。
9.将酱汁与其他食材拌和在一起，搅拌均匀，表面撒上葱花即可。

果酱山药泥

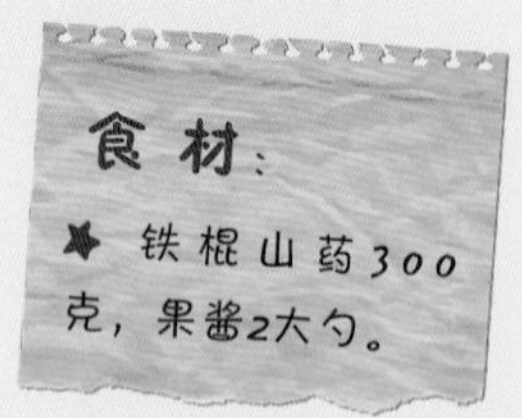

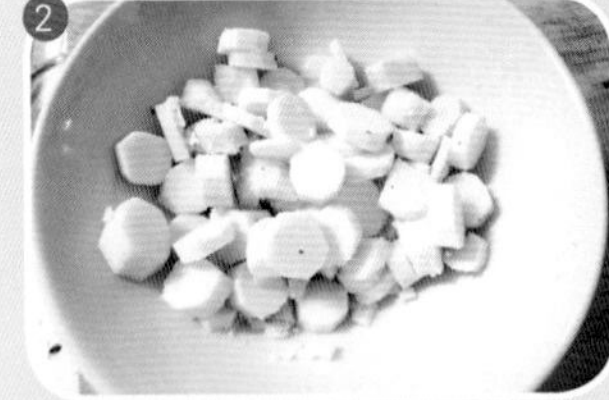

1.将山药清洗干净，上锅蒸熟。
2.削皮后，切成小块。
3.用勺子尽量将山药压碎。
4.将果酱拌入，搅拌均匀。
5.拌好的果酱山药碎放入料理机，加入少量纯净水，搅打成泥即可。

TIPS:

• 用塔吉锅做煲仔饭，最好能提前将大米泡好，可以在早晨的时候就把大米泡入水中。

• 如果没有塔吉锅，用制作煲仔饭的小沙锅也可以。

• 使用塔吉锅制作煲仔饭，水量一定不能太多，当食指触及锅底时水的分量不要超过食指的第一个指节即可。

• 最好提前在塔吉锅锅底涂抹一层油，可以尽量避免煳锅。

• 制作果酱山药泥的时候，山药最好选用铁棍山药，蒸出来口感才会绵软。

苜蓿蒸面+私房拌牛肉

春天正是苜蓿出嫩芽的时候，采摘一些，分拣、焯水，然后一袋一袋分装好冷冻在冰箱，想吃的时候无论是做凉拌菜，抑或包包子、包饺子，都是十分的美味。而这种直接用苜蓿蒸面做法，也是十分的简单健康，在夏天闷热的日子里，野菜淡淡的清爽味道，就好像一股清爽的清风令人神清气爽。配上一小盘香辣的凉拌牛肉，这份健康爽口的午餐，值得尝试。

本餐制作步骤：

苜蓿蒸面→蒸面的时候拌牛肉

TIPS:

* 苜蓿蒸面中，苜蓿可以用槐花、扁豆、土豆等食材代替，如果是土豆需要切丝，扁豆需要提前炒熟。
* 苜蓿和面粉拌和的过程需要不断调整面粉用量，如果苜蓿上沾的面粉过少，则需要喷入少量的水，再加入面粉，否则面粉太少，口感和味道都不好。
* 卤牛肉最好选用比较有嚼劲的牛腱子肉，因为牛腩或者里脊肉长时间卤制会使肉质变得松散，影响口感。
* 卤牛肉的做法可参照“秘制卤蛋”（见P109）。但注意卤制牛肉的时间一定要比卤制鸡蛋的时间长一些，大约需要30分钟。

苜蓿蒸面

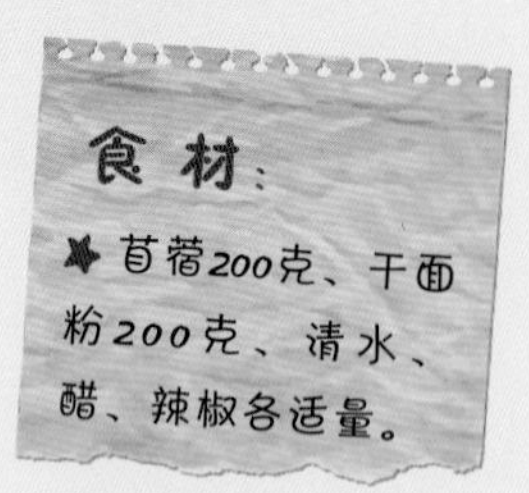

食材：

苜蓿200克、干面粉200克、清水、醋、辣椒各适量。

1.将苜蓿清洗干净，稍微控干水分即可。
2.将干面粉分次撒在苜蓿上，尽可能让每一片苜蓿叶子都沾上干面粉。
3.直到将苜蓿和面粉拌和在一起，变成松散的苜蓿面粉团。
4.将苜蓿面直接铺在笼屉上，中火蒸10分钟，直到面粉蒸熟，变得透明。
5.蒸好的苜蓿盛放在容器内。
6.锅内烧油到十成热，泼在蒸熟的苜蓿上，搅拌均匀即可。吃的时候可以加入醋和辣椒等调味料，拌和即可。

私房拌牛肉

食材：

★卤牛肉150克，炸熟的花生米50克，老干妈豆豉1大勺，醋2大勺，砂糖1/2小勺，生抽1小勺，花椒5克，熟蒜粒5克。

1.将卤牛肉切片。小碗盛花生米。
2.除熟蒜粒和花椒外其他配料混合均匀。
3.取一个大点儿的碗，将牛肉、花生放在一起，撒上熟蒜粒和混合好的调味料。
4.锅内放少量油，冷油下锅炸香花椒粒，之后将花椒粒捞出，再将花椒油泼在牛肉上，拌匀即可。

培根吐司沙拉+椒盐酥虾

剩吐司两三片，加上冰箱里留存的各种边角料，花费一点心思，花费一点时间，就能华丽变身，成为可口营养的午餐。低脂肪、高蛋白，调理上班族的肠胃，保护上班族的身体。

本餐制作步骤：

培根吐司沙拉→椒盐酥虾

* 其实各种吐司或者其他的例如法棍面包或者欧式面包类都可以做培根吐司沙拉，可以根据手边现有的材料适当替换。
* 煎培根的时候锅内不要放油，因为培根本身会出油。
* 腰果如经烘烤或者用热锅略炒味道更好。
* 让虾吃起来更酥的秘诀就是两次炸制，但是每次炸的时间不能太长，否则虾就干了。如果怕过于油腻，最好选择橄榄油或者只炸一次也可以。

培根吐司沙拉

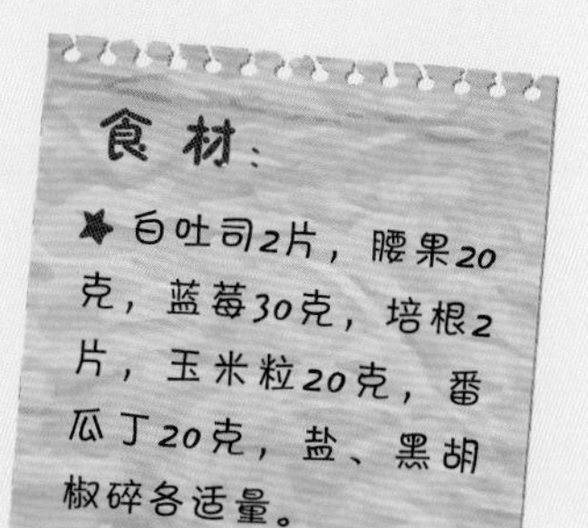

食材：

✦白吐司2片，腰果20克，蓝莓30克，培根2片，玉米粒20克，番瓜丁20克，盐、黑胡椒碎各适量。

1.将白吐司切成小块。

2.将培根切片，准备其他材料。

3.将番瓜切丁，提前焯水。

4.锅内不放油，直接煎香培根片。

5.加入腰果略微烘烤。

6.倒入切块的吐司，稍微翻炒一下。

7.将煎好的吐司块、腰果、培根和其他材料一起放在容器里。

8.加入盐和黑胡椒碎，拌匀即可。

椒盐酥虾

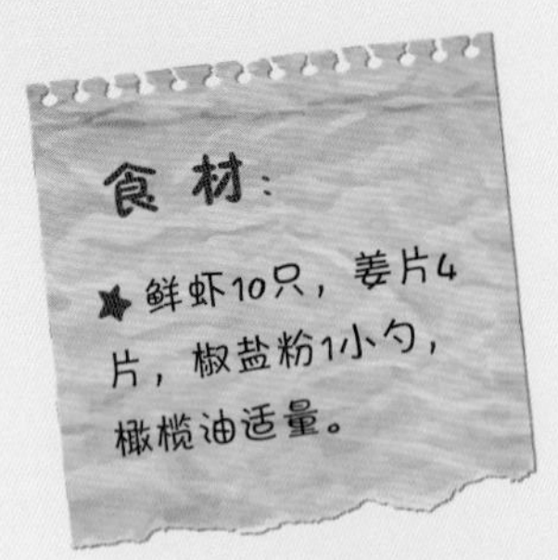

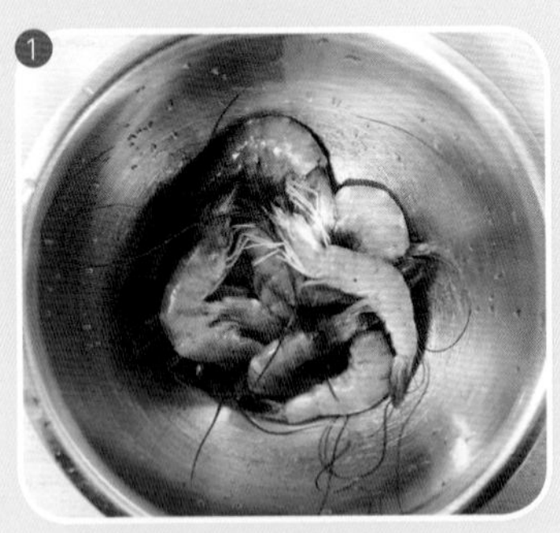

1.将鲜虾剪虾枪、去虾泥。

2.锅内倒入橄榄油，待油三成热的时候放入虾，炸到变红弯曲后捞出。

3.待到油温升高后，将虾再炸一遍，炸到虾的表皮出现白色斑纹后捞出。

4.锅内留一点点油，爆香姜片后捞出，放入炸好的虾，撒入椒盐粉，翻炒均匀即可。

金枪鱼意粉+焦糖香橙盅

TIPS:

* 煮各种意粉之前，在开水里都要加一点点盐。
* 如果没有现成的涂抹型金枪鱼酱，用普通的金枪鱼罐头也可以制作，将金枪鱼肉切碎，与千岛酱一同放入料理机打碎，再拌入熟玉米粒、豌豆之类的蔬菜丁就可以了。
* 意粉酱可以稍微做多一点，用保鲜饭盒放在冰箱保存，但仍需要尽快吃完。

上班族的午休时间总是那么宝贵，可是为了解决一顿午餐总要占去大部分午休时间。小饭馆里千篇一律的饭菜已经来回吃了好几遍，食堂里来来回回那些菜也不知道哪样更对胃口。其实，只要简简单单的15分钟，营养的午餐自己也是可以随手拈来的呢！剩下的午休时间，自然要好好利用，才能让自己在下午充满元气！

本餐制作步骤：

煮意粉的同时制作意粉酱→焦糖香橙盅

金枪鱼意粉

1.将洋葱、培根切丁。锅内倒入橄榄油，下洋葱丁和培根丁翻炒出香味。
2.放两大勺金枪鱼酱炒匀。
3.加少量的水，调入黑胡椒碎和一点点盐略微熬煮成黏稠的意粉酱。盛出备用。
4.另取一锅盛水，水烧开后，加入少许盐。
5.下入意粉煮熟。煮好的意粉捞出控水，拌入炒好的意粉酱就可以了。

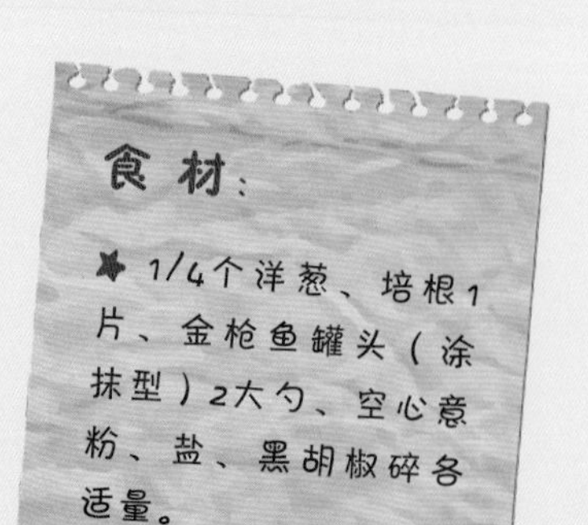
食材：

1/4个洋葱、培根1片、金枪鱼罐头（涂抹型）2大勺、空心意粉、盐、黑胡椒碎各适量。

焦糖香橙盅

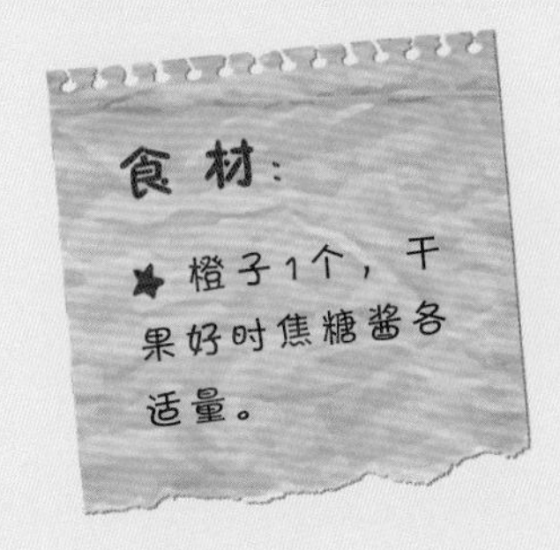

1.将橙子和干果清洗干净。橙子从中间切成两半。

2.用刀沿着果肉边缘划开，之后用勺将果肉完整地取出。

3.将果肉切块，和干果拌和在一起，淋上适量焦糖酱，拌匀。

4.将拌和好的果肉、干果放在橙皮里，淋上少许焦糖酱即可。

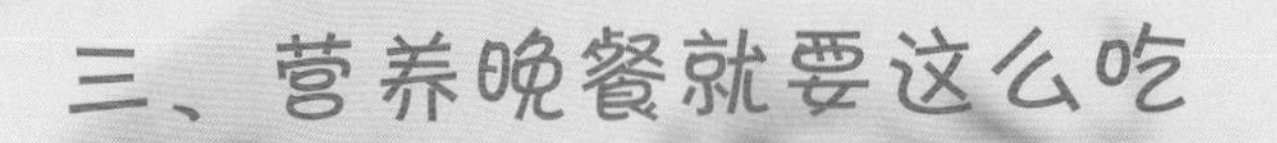

三、营养晚餐就要这么吃

酱烤火腿肉丸+风味茄子+口蘑蟹棒青菜

制作晚餐的时候，厨房里各种声音交织，烤箱嗡嗡的，青菜下锅发出嗞啦的声音。听到这些，不由得内心平静而踏实。待到坐在餐桌前的时候，香味都能令人对生活充满感激。

本餐制作步骤：

酱烤火腿肉丸→烘焙的时候做风味茄子→口蘑蟹棒青菜

酱烤火腿肉丸

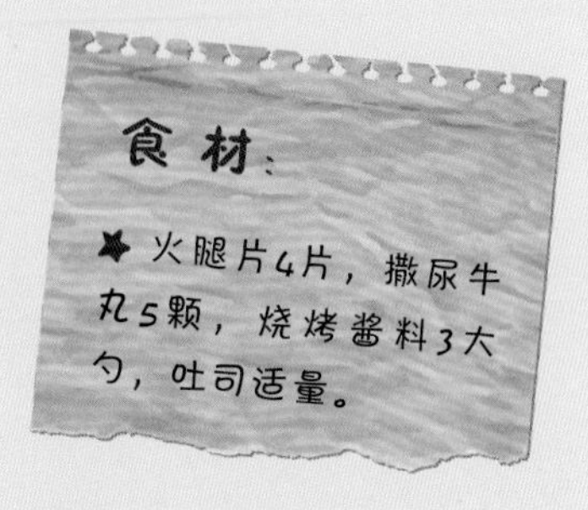

1.锅内烧水，将牛丸煮到八成熟。

2.将火腿铺放在烤碗底部。

3.将煮好的牛肉丸放入烤碗，淋上烧烤酱。再将吐司面包撕成小块一同放入烤碗，表面淋橄榄油。将烤箱预热至200℃，烤制15分钟即可。

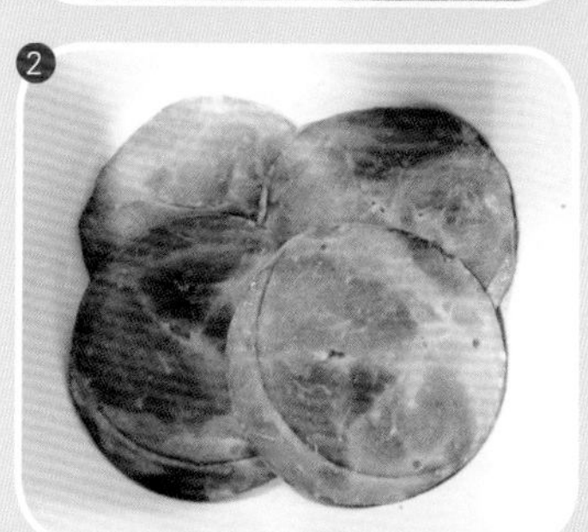

风味茄子

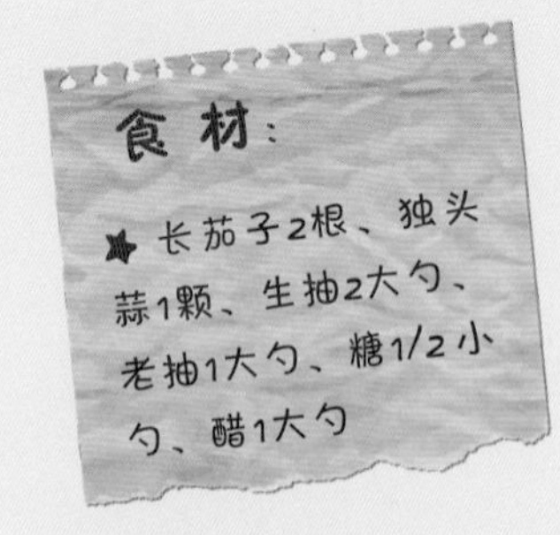

1.将茄子切条。蒜切片。
2.锅内放油，放入茄子煎软。
3.加入蒜片炒香。
4.调入生抽、老抽、糖、醋，添一点水，略微炖煮收汁即可。

口蘑蟹棒青菜

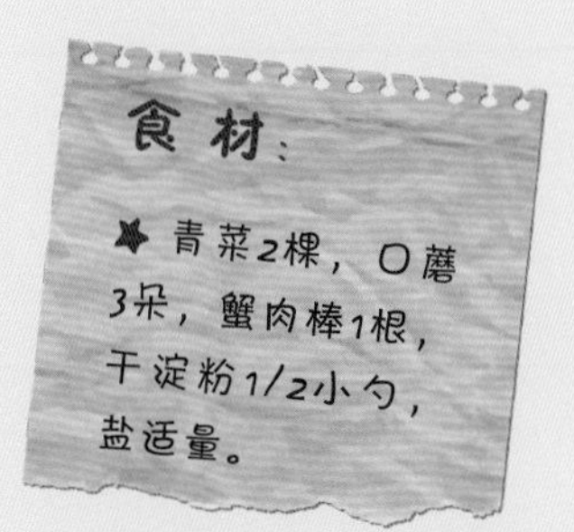

1.将青菜择洗干净。口蘑切片。蟹棒切小块。

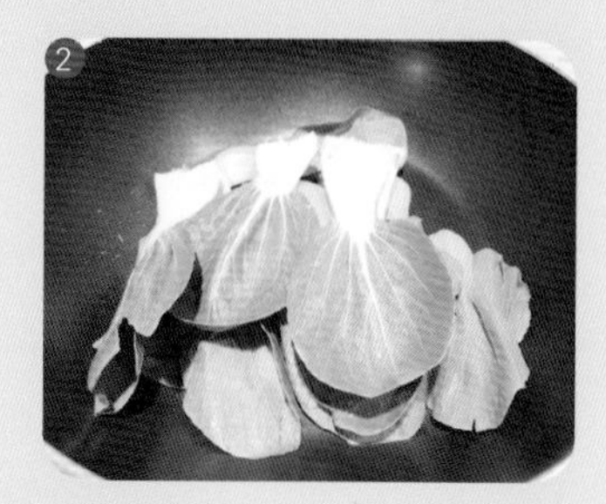

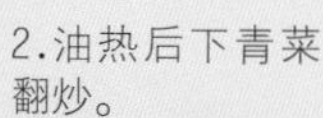

2.油热后下青菜翻炒。

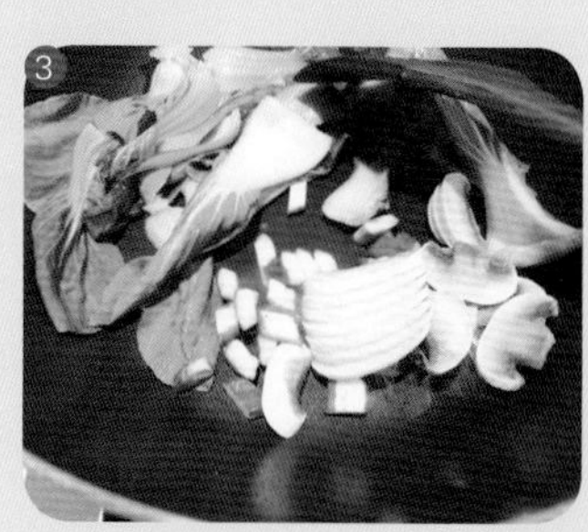

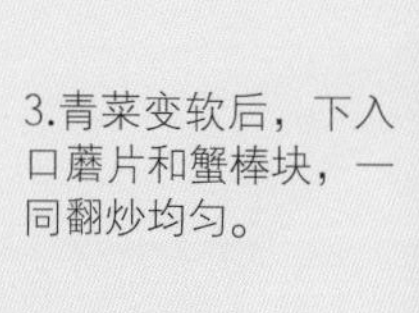

3.青菜变软后，下入口蘑片和蟹棒块，一同翻炒均匀。

4.干淀粉加水调成芡汁，倒入锅中，略微炖煮收汁，起锅前用盐调味即可。

* 茄子比较吸油，所以煎茄子的时候，油量要稍微多些。如果怕油腻，可以事先把茄子焯水后再煎。
* 茄子的香味需要靠蒜片带出来，所以蒜片不能少放。

芝麻笋干烧香菇+私房土豆蒸甜肠+烟笋炒饭

家里的橱柜总是藏着些干货，往往不知道晚餐吃些什么好的时候，也总想不起来它们的身影。那就别让它们再等了，让它们一样一样地出现在餐桌上吧！

本餐制作步骤：

制作私房土豆蒸甜肠的同时制作芝麻笋干烧香菇→烟笋炒饭

TIPS:

• 泡发干货的水不要倒掉，等到需要焖煮的时候加入锅内会令菜肴的味道更加鲜美。

• 剁椒本身有咸味，所以蒸土豆的时候可以不用加盐。土豆片要切厚片，这样才不会过于软烂。

• 笋干、香菇和烟笋都可以在前一天提前泡好。

芝麻笋干烧香菇

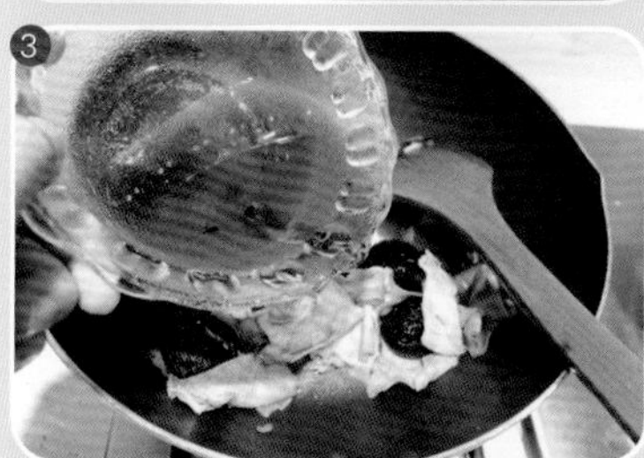

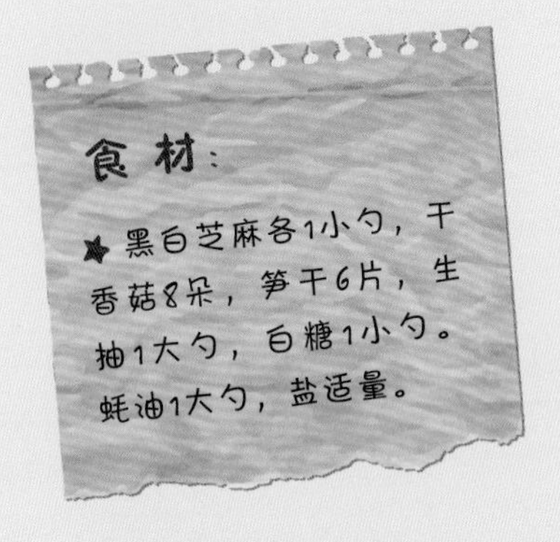

1.清洗干净笋干和香菇，提前泡发笋干和香菇。
2.油热后下笋干和香菇一同翻炒出香味。
3.锅内加入泡发香菇的水，如果水量不够可以加一些清水，与笋干、香菇持平即可。
4.略微炖煮后加入生抽、白糖、蚝油，翻炒均匀。
5.大火煮到汤汁收干后，撒入芝麻，调入少量的盐，炒匀即可。

私房土豆蒸甜肠

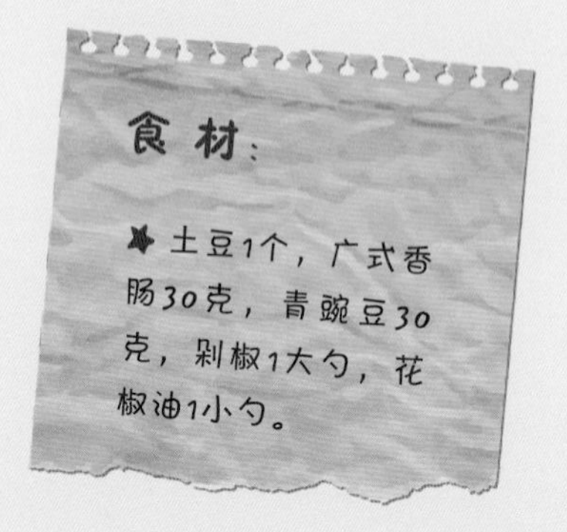

1.将广式香肠、土豆切厚片。豌豆清洗干净。

2.在碗中一层广式香肠、一层土豆码放起来。

3.最后撒入青豌豆，表面放剁椒后上锅中火蒸8～10分钟，出锅后淋上花椒油即可。

烟笋炒饭

食材：

★烟笋50克，腊肉100克，青豌豆20克，红彩椒20克，干红辣椒3根，生抽2大勺，剩米饭1碗。

1.将烟笋、腊肉切条。红彩椒切块。干红辣椒切段。
2.热锅不放油，下入腊肉煸炒出香味、出油。
3.下入烟笋和干红辣椒一同大火翻炒出香味。
4.下青豌豆和红彩椒一同炒匀。
5.倒入剩米饭一同翻炒均匀。
6.调入生抽，翻炒均匀即可。

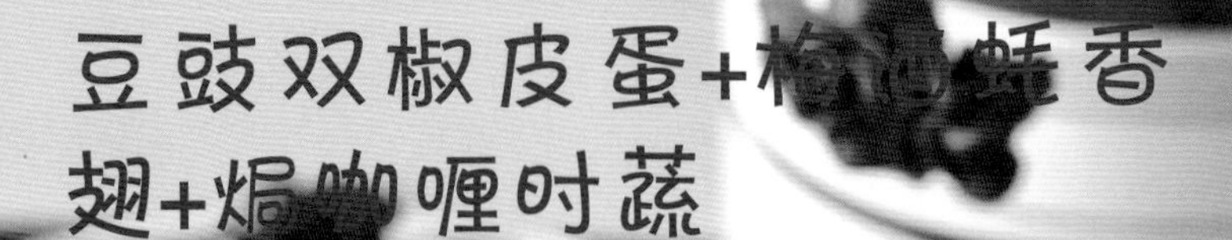

豆豉双椒皮蛋+梅酒蚝香翅+焗咖喱时蔬

TIPS:

- 皮蛋先焯水再切开会更好切。
- 如果没有自制的酒杨梅，不加也可以。
- 一般来说做比萨或者焗饭都会选用马苏里拉芝士，但其实用切达芝士味道也很香浓，同样会有拉丝效果。

热气腾腾、滋味十足的晚餐带来的不仅仅是味觉的享受，更是心情的放松。餐桌上的食物仿佛是画笔，在生活的纸张上画出不同的色彩。而烹制这些食物的过程，也变得更让人心生愉悦。

本餐制作步骤：

梅酒蚝香翅→开始炖煮鸡翅的时候另取一锅制作咖喱时蔬→豆豉双椒皮蛋

豆豉双椒皮蛋

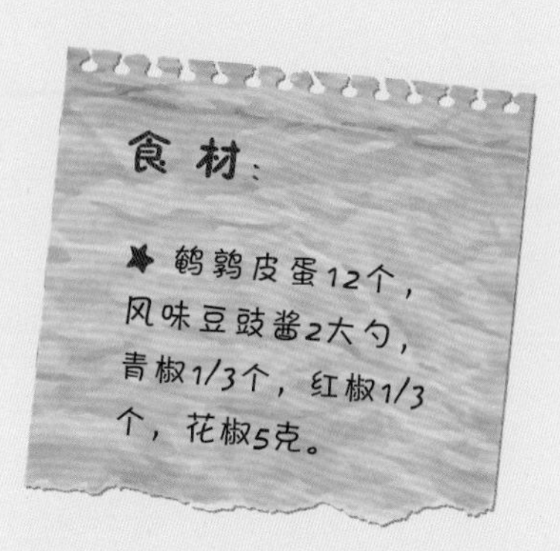

1.将皮蛋去皮。青椒、红椒切小丁。冷油炸香花椒。

2.花椒油炸好后将花椒捞出，下入青椒丁、红椒丁炒香。

3.下入皮蛋翻炒均匀。

4.加入豆豉酱翻炒均匀即可。

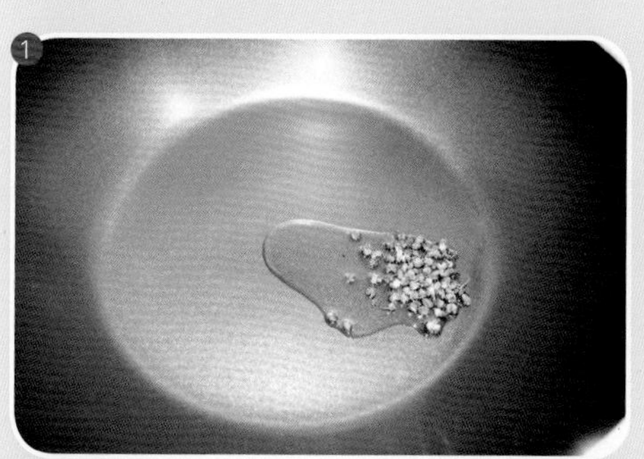

梅酒蚝香翅

食材：

鸡中翅6个，梅子酒和酒杨梅共1小碗，蚝油2大勺，生抽2大勺，老抽1大勺，冰糖10克，大料3颗，葱1小段，姜6片，干红辣椒2根。

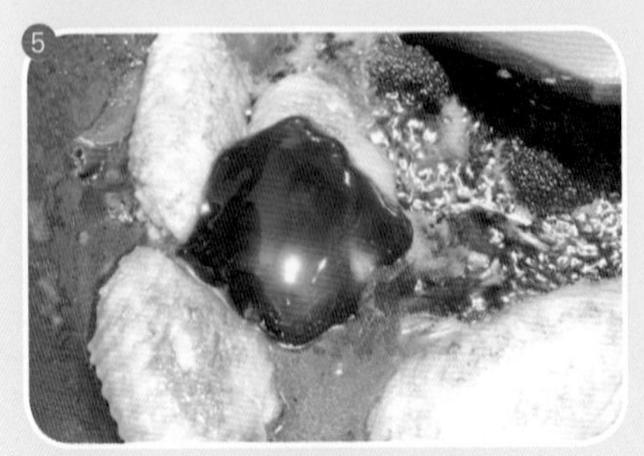

1.将鸡翅清洗干净。葱切圈。姜切片。干红椒切段。油热后炒香葱、姜。
2.下鸡翅炒到表皮变黄，水分尽量收干。
3.放入大料和干红辣椒炒出香味后放入冰糖，略微翻炒使冰糖融化。
4.倒入生抽、老抽和梅子酒，加少量清水，水量刚刚没过鸡翅即可，大火煮开后转中火，再加入酒杨梅，盖上锅盖一同炖煮大约10~15分钟，鸡肉软烂后开大火收汁。
5.加入蚝油，汤汁收到浓稠分量变少后即可。

焗咖喱时蔬

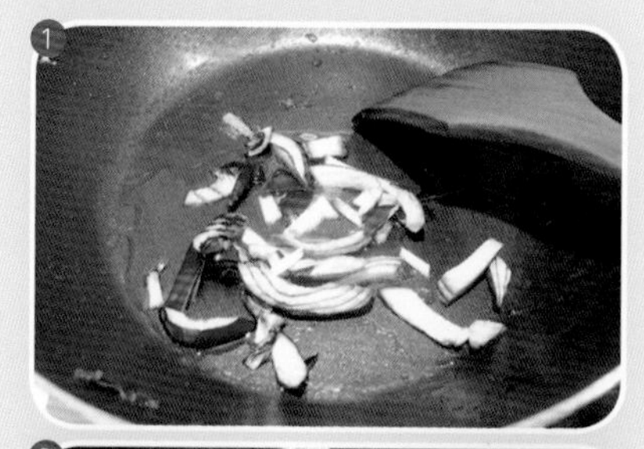

食材：

★西蓝花50克，洋葱1/4个，玉米1/4个，土豆1/4个，胡萝卜1/4个，青椒10克，红椒10克，咖喱块2块，马苏里拉芝士50克。

1.将洋葱洗净切条，待油热后炒香洋葱。
2.下入其他切成丁的蔬菜一同翻炒均匀。
3.加入清水大火炖煮约5分钟，水量注意比蔬菜略低。
4.放入咖喱块，将咖喱块煮化后将蔬菜翻拌均匀。
5.汤汁收干后，将咖喱蔬菜放在烤碗里，表面铺一层马苏里拉芝士。烤箱预热至200℃，烤制10分钟至芝士全部融化即可。

鸡汁萝卜片+葱爆牛肉+辣白菜五花肉

TIPS:

* 牛肉翻炒的时候一定要刚变色就盛出，避免牛肉炒得过老。
* 购买辣白菜的时候可以多装一点儿辣白菜的汤汁，制作辣白菜五花肉的时候加入汤汁味道更浓郁。

吸满汤汁的萝卜片鲜香绵软，爆炒过后的牛里脊肉多汁又入味，辣白菜配搭的五花肉一点也不油腻，反而爽口开胃。有点儿火辣的晚餐，加上一点略显清爽的蔬菜来中和，满足！很满足！

本餐制作步骤：

蒸萝卜片→腌牛肉→辣白菜五花肉→葱爆牛肉

鸡汁萝卜片

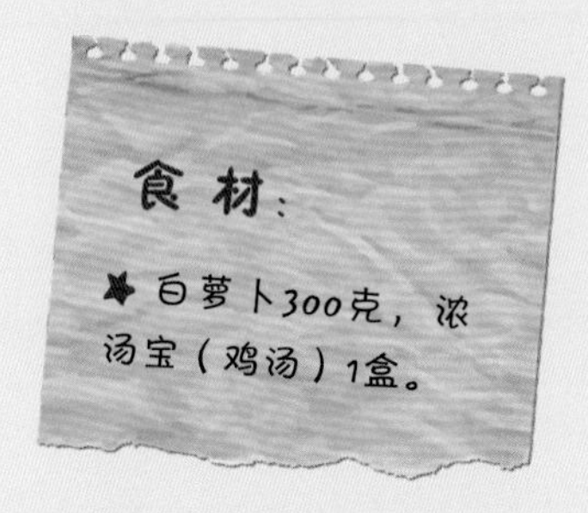

1.将萝卜清洗干净，切片。
2.将萝卜一层一层摆放在盘子里。
3.将浓汤宝放在热水里化开。
4.将化开的浓汤宝浇在萝卜片上，上锅中火蒸大约10分钟即可。

葱爆牛肉

食材：

牛里脊肉250克，盐1/3小匙，白糖1/3小匙，白胡椒粉1/3小匙，生抽1大匙，料酒1大匙，淀粉1大匙，香油1大匙，小葱3根，姜末1小勺，干红辣椒4根。

1.将小葱切段。牛肉切片，用料酒、生抽腌制。
2.在腌制的牛肉中加入盐、白糖、白胡椒粉、淀粉、香油、姜末搅拌均匀。
3.油热后下锅将牛肉炒散。
4.炒到牛肉变色后即刻盛出。
5.锅内留少量油，下入小葱段和干红辣椒炒香。
6.下入炒好的牛肉一同翻炒均匀。

辣白菜五花肉

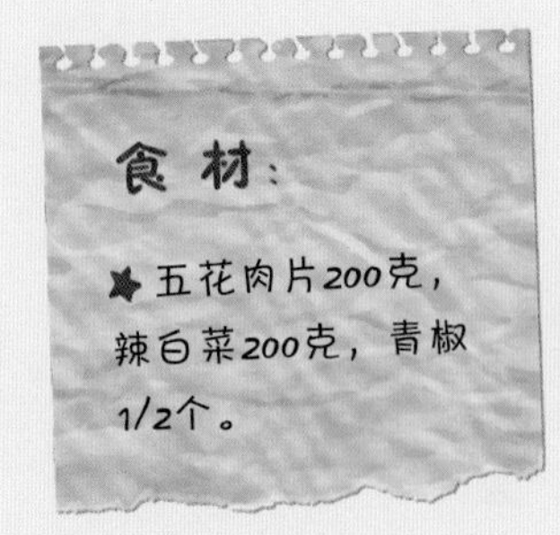

1.将辣白菜切段。青椒切丝。
2.锅内放少量油，下五花肉片炒散。
3.炒到五花肉水分收干，边缘出现焦色后盛出。
4.留少许油，下辣白菜段和青椒丝一同炒香后，下入五花肉翻炒均匀即可。

芦笋鸡肉+榛蘑酱茭白+醋烹藕片

TIPS:

* 做菜的时候，除非是必须要用到姜末，否则姜片可以切得稍微大些，不喜欢吃姜的可以在菜肴盛出后将姜片挑出。
* 榛蘑的味道是最香浓的。如果没有榛蘑的话，使用香菇、羊肚菌之类的菌菇也是可以的。

酱香、清爽和开胃的条件全部在一起满足，爽脆、嫩滑鲜甜的味觉交织在一起。虽然是快手晚餐，但是用料绝对不马虎，幸福感当然也不马虎。

本餐制作步骤：

芦笋鸡肉→醋烹藕片→榛蘑酱茭白

依照这样的顺序做菜，可以减少洗锅的次数，缩短烹饪时间

芦笋鸡肉

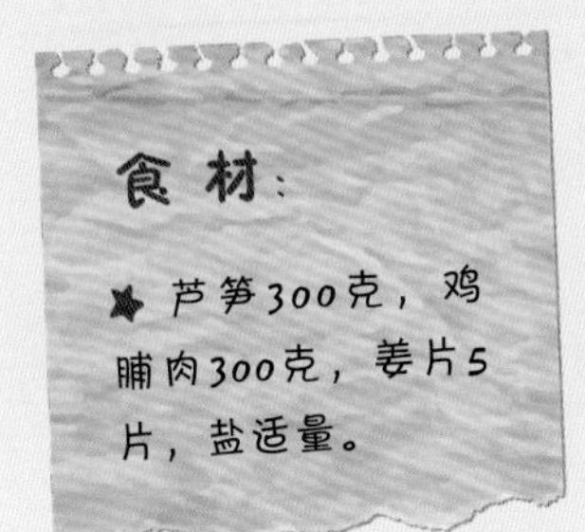

1.将芦笋切段。鸡肉切成片。姜片切条。

2.油热后放入姜片炒香。

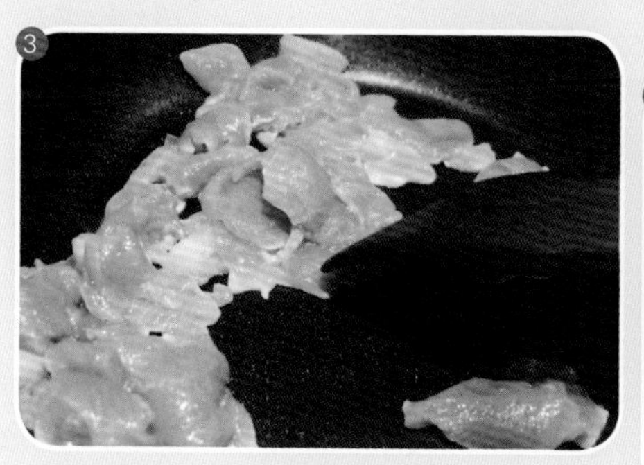

3.下鸡肉片炒散。

4.鸡肉片变色后，下入芦笋，翻炒均匀，起锅前用盐调味即可。

榛蘑酱茭白

食材：

★ 茭白1根，榛蘑9朵，生抽2大勺，老抽1/2大勺，白糖1/2大勺，花椒油适量。

1.将榛蘑泡发。茭白切条。锅内放少许油，下锅煸炒茭白。
2.炒到茭白边缘出现焦色的时候，加入榛蘑翻炒均匀。
3.加入泡发榛蘑的水、老抽、生抽、白糖略微炖煮。
4.等到汤汁浓稠后，淋上几滴花椒油，就可以出锅了。

醋烹藕片

食材：

★ 莲藕400克，干红辣椒5根，醋3大勺，盐适量。

1.将莲藕切片，稍微泡水。
2.油热后下莲藕片翻炒。
3.翻炒到藕片边缘出现焦色后放入干红辣椒翻炒，烹入醋，加适量水，注意水位要比莲藕片略低。汤汁收干后即可。

咸烹黄金虾+牛油果彩椒沙拉+萝卜丝鲫鱼汤

- 咸蛋黄如果不好碾压，可以稍微蒸一会儿。
- 彩椒一定要在热锅内煸炒一下味道才会更好。
- 水果不一定要选用桑葚，时令的新鲜水果都可以。
- 沙拉酱汁和“柚子鲜虾沙拉”（见P43）中的沙拉酱汁相同，这种沙拉酱汁可以运用在许多沙拉中。
- 事先用生姜擦拭锅内，煎鱼的时候就不会粘锅了。

略微闲暇的周末下午，想用丰盛晚餐慰劳自己。不喜欢油腻，需要更多健康和营养，所以，水产和沙拉的组合总是最受欢迎。吃腻了白灼的虾，加点滋味更让人喜欢。奶白色的鲫鱼汤，萝卜丝最是入味。抱着大碗的沙拉坐在沙发上看喜欢的电视剧，好好放松的周末夜晚最美妙。

本餐制作步骤：

腌鱼→炒虾→炖汤→拌沙拉

咸烹黄金虾

食材：

★ 鲜虾10只，咸蛋黄4个，小葱1根，生姜5片，料酒2大勺。

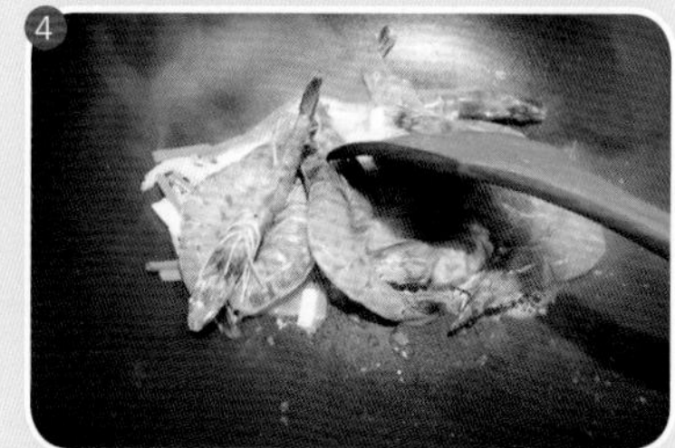

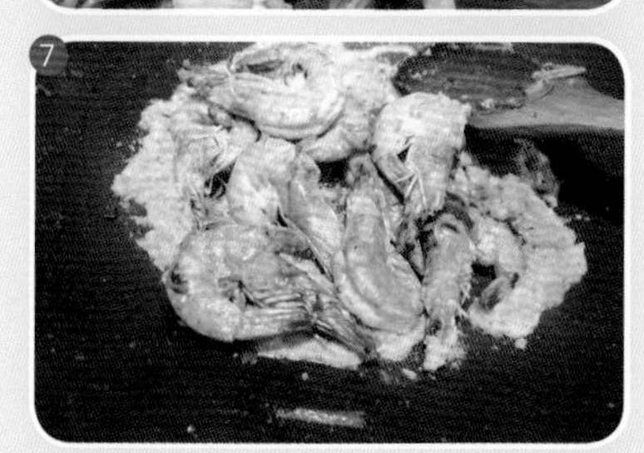

1.将鲜虾清洗干净，剪去虾枪、除去虾泥。
2.将咸蛋黄压碎。小葱切段。姜片切丝。
3.锅内热油，炒香葱段、姜丝。
4.下入鲜虾一同翻炒。
5.将虾炒到变红、弯曲后盛出。
6.锅内留少许油，下咸蛋黄炒散。
7.下入炒好的虾，加入料酒，翻炒均匀，尽量让虾身上沾满咸蛋黄即可。

牛油果彩椒沙拉

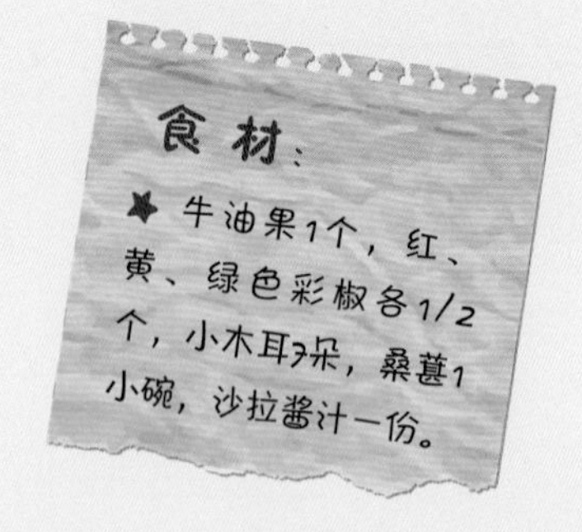

1.将彩椒切块。桑葚清洗干净。木耳撕成小块。
2.牛油果切块放入沙拉碗。
3.热锅不要放油，煸香彩椒块。
4.将煸香的彩椒块、木耳、桑葚一同倒入碗里，加入沙拉酱汁后拌匀即可。

萝卜丝鲫鱼汤

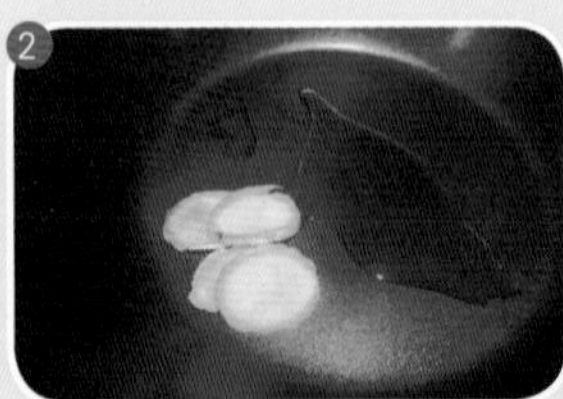

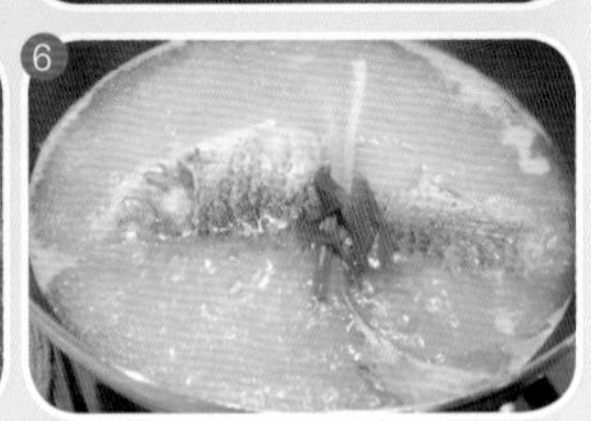

食 材：

★ 鲫鱼1条，白萝卜50克，小葱2根，生姜4片，盐、料酒各适量。

1.将白萝卜切丝。小葱打结。生姜切片。
2.鲫鱼清洗干净后用盐和料酒略微腌制。
3.先用姜片将锅内擦拭一遍，之后放入油爆香姜片。
4.放入鲫鱼并用小火煎炸，一面煎好后再煎另外一面。
5.将鲫鱼的两面煎至金黄色。加入清水，与鱼身持平，放入葱结炖煮。
6.等到鱼汤变白后放入萝卜丝，中火煮到萝卜丝绵软后关火，起锅前用盐调味即可。

第三章　见证实力的早中晚餐30分钟烹饪法

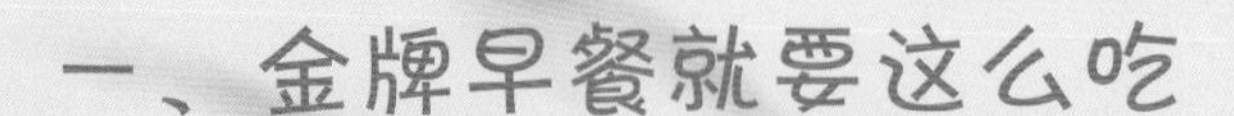

一、金牌早餐就要这么吃

火腿蔬菜卷+胡椒土豆块+盆栽奶茶

• 土豆用微波炉加热的时间要根据土豆的大小来决定，但是每隔2分钟要记得将土豆取出翻面。

• 奥利奥不要压得太碎，稍微有些大块儿会更像泥土。最后在“泥土”之上随意摆放植物叶片即可。

阴天下小雨的早晨，空气里充满潮湿的感觉。星期天的早晨，整个城市的清晨卷走午夜的黑暗，天空渐渐发白，一向忙碌的街道无人走过，安静地吃一顿早餐，听到自己咀嚼食物的声音，喝一杯暖手暖心的奶茶。嗨，新的一天，你好！

本餐制作步骤：

加热土豆块→火腿蔬菜卷→煎香土豆→盆栽奶茶

火腿蔬菜卷

食材：

★ 火腿2片，紫甘蓝1/2片，胡萝卜、彩椒、奶酪条各适量，黑胡椒碎1/4小勺，盐1/4小勺。

1.将除火腿外其他食材切丝。
2.将紫甘蓝、胡萝卜和彩椒焯水。
3.焯好水的蔬菜控水后调入黑胡椒碎和盐拌匀。
4.取一片火腿片，将蔬菜丝和奶酪条铺放在火腿片之上后卷起后用牙签固定。

胡椒土豆块

1.将土豆清洗干净。
2.直接放在微波炉内高火转4分钟。
3.取出后稍微放凉，去皮切块。
4.锅内倒入少许橄榄油，将土豆块煎香，调入黑胡椒碎即可。

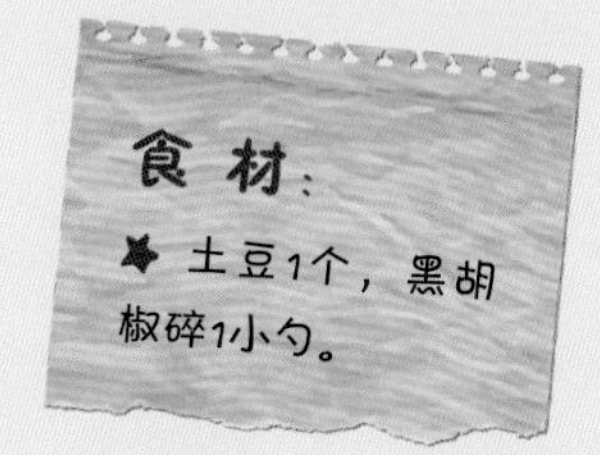

食材：

★ 土豆1个，黑胡椒碎1小勺。

盆栽奶茶

食材：

牛奶1袋，红茶茶包2包，奥利奥饼干5块，动物性鲜奶油80毫升，薄荷叶1片。

1.将动物性鲜奶油打发到七分，即奶油膨胀后搅打到不流动，打蛋器能留下明显痕迹的程度。
2.将牛奶倒入锅中，煮到即将沸腾的状态。
3.放入茶包略煮后，将茶水的汁液尽量挤出。
4.将奥利奥饼干放在保鲜袋内用擀面杖压碎。
5.将煮好的奶茶倒在杯子里。
6.奶茶表面挤入打发好的奶油。
7.最上层铺入奥利奥碎块，充当“泥土”，最后放入薄荷叶即可。

南瓜麦仁棒楂粥+香醋蚕豆沙拉+腐乳香烤馒头片

TIPS:

* 用高压锅煮粥非常方便，一般上气后转为中小火，8~10分钟即可令粥黏稠绵软。
* 春天，蚕豆大量上市，可以在春天多买一些，分成小袋后冷冻在冰箱里，取出解冻后食用。
* 馒头上的橄榄油要刷得厚一些，烤出来才更加酥香。

春天，鲜嫩的蚕豆上市，无论是颜色还是口感，都清爽讨喜。早餐桌上，小豆子们和南瓜粥一同为你我打理健康肠胃。再加上烘焙得酥香的馒头片就着清甜小粥。这样的颜色，这样的味道，才是春天的主打。

本餐制作步骤：

南瓜麦仁棒楂粥→腐乳香烤馒头片→香醋蚕豆沙拉

南瓜麦仁棒碴粥

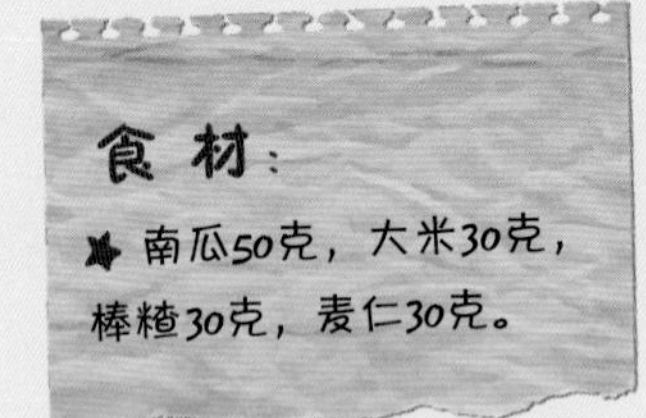

食材：

南瓜50克，大米30克，棒碴30克，麦仁30克。

1.将所有材料淘洗干净后，加适量的水放入高压锅中。
2.高压锅上汽后，转中火8分钟即可。

香醋蚕豆沙拉

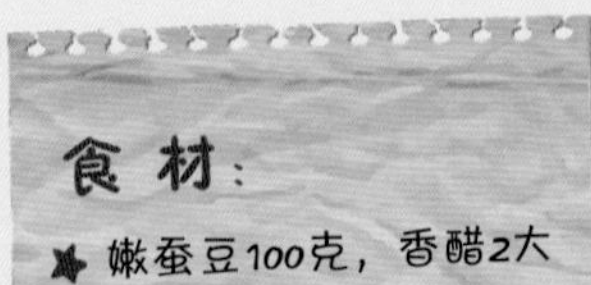

食材：

嫩蚕豆100克，香醋2大勺，橄榄油1大勺，意式混合香料1小勺，盐适量。

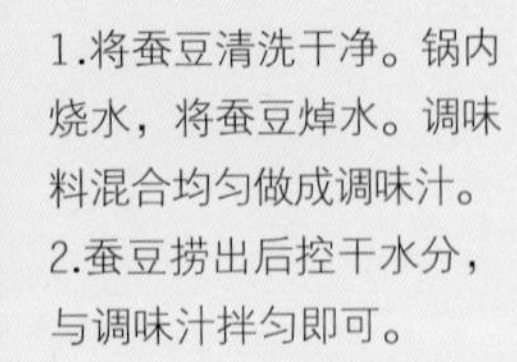

1.将蚕豆清洗干净。锅内烧水，将蚕豆焯水。调味料混合均匀做成调味汁。
2.蚕豆捞出后控干水分，与调味汁拌匀即可。

腐乳香烤馒头片

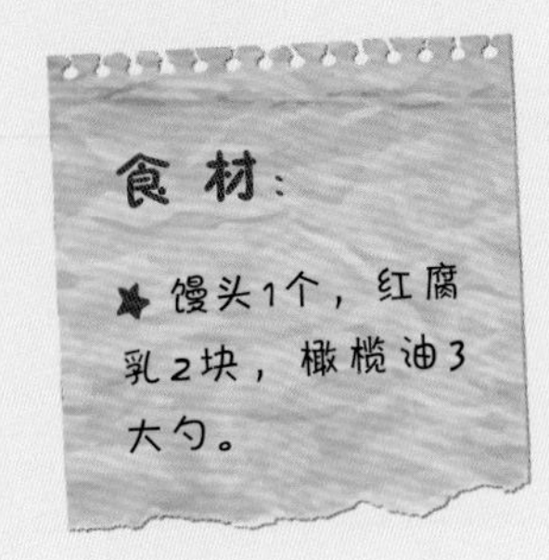

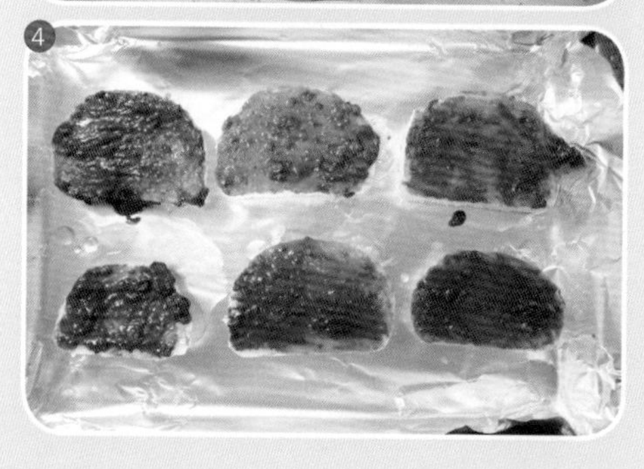

1.将馒头切成厚片。

2.烤盘上垫锡纸，码放好馒头片，在表面刷一层橄榄油。

3.将腐乳块压碎成腐乳泥。

4.均匀地在馒头片上刷一层腐乳泥。烤箱预热至220℃，烤制10分钟即可。

秘制卤蛋+奶香烤玉米+番茄疙瘩汤

TIPS:

* 卤鸡蛋或者卤肉的卤汁，每一次用完后将调料挑出，保存起来，老卤会越用越香。
* 卤鸡蛋时如果可以和鸡腿、鸡翅等一同卤制，味道会更好。
* 这一餐卤蛋给出的调料分量是第一次制作卤汁的分量，如果只是在老卤中加入新的调料，大约只需要文中所给的1/3的分量。

卤肉的时候，总是喜欢加上一些鸡蛋一同卤制。然后美味卤蛋的身影就会不断出现在餐桌上，尤其是早晨，一颗香浓的卤蛋加热乎乎的疙瘩汤，最后配上不输给肯德基的奶香烤玉米。不快也好、阴霾也好，统统会被驱散！

本餐制作步骤：

烤玉米→番茄疙瘩汤→切开鸡蛋

秘制卤蛋

食材：

鸡蛋10个，桂皮1截，干红辣椒4根，八角4个，香叶20片，盐2小勺，生抽5大勺，老抽2大勺，生姜一块，小葱4根，清水6碗。

1.干锅将桂皮、干红辣椒、八角、香叶炒香。

2.加入清水、盐、生抽和老抽，大火煮开。大约20分钟后将卤汁倒入高压锅内，放入生姜和小葱。

3.将鸡蛋煮熟剥皮。

4.将煮好的鸡蛋放在卤汁里，盖上锅盖，高压锅上汽后调成中小火，煮15分钟即可。

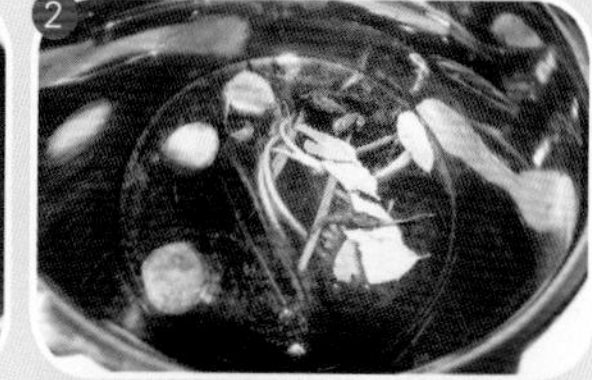

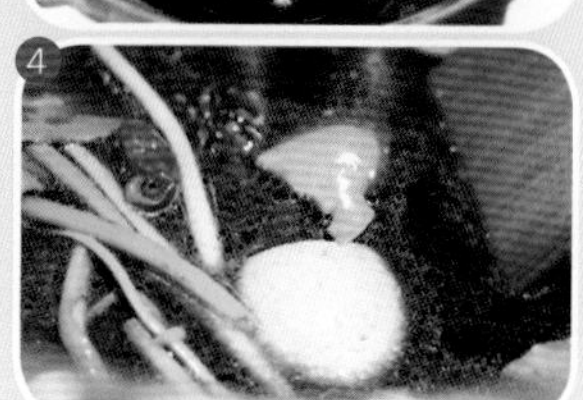

奶香烤玉米

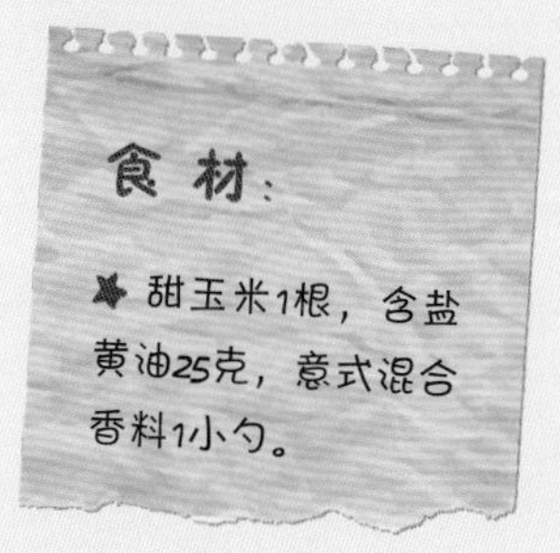

食材：

甜玉米1根，含盐黄油25克，意式混合香料1小勺。

1.将玉米煮熟，切成两截。含盐黄油室温软化。

2.将软化黄油和意式混合香料拌匀。

3.将玉米放在锡纸上，将拌和好的香料黄油涂抹在玉米上。

4.用锡纸将玉米包好，放入烤箱，预热至220℃，烤制10分钟即可。

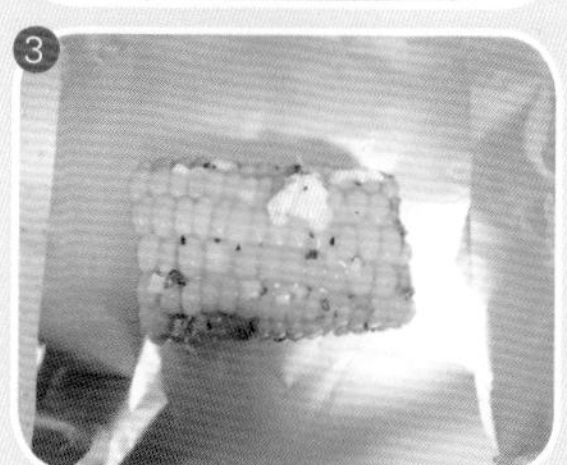

番茄疙瘩汤

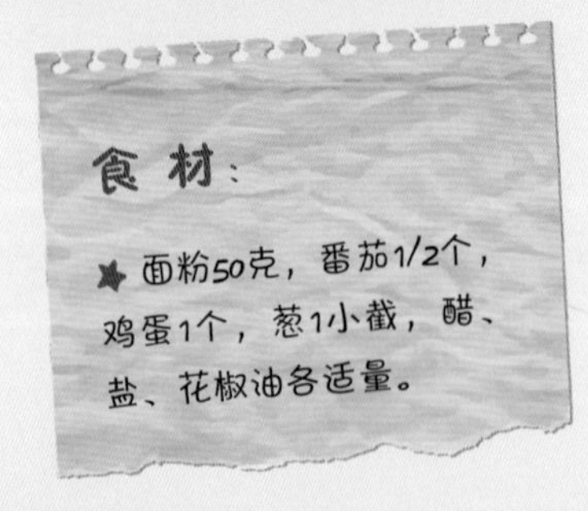

食材：

★面粉50克，番茄1/2个，鸡蛋1个，葱1小截，醋、盐、花椒油各适量。

1.将番茄切丁。葱切葱花。将面粉一点点分次加入凉水，用手揉搓成小面团。
2.将鸡蛋打散。
3.锅内烧开水，一面将小面团撒入，一面不停搅动。
4.鸡蛋液倒入锅中，一边倒一边搅动成蛋花。
5.另取一锅，锅内放油爆香葱花。
6.下入番茄丁翻炒出水。将炒好的番茄淋在疙瘩汤上。吃的时候根据口味用盐、醋、花椒油调味即可。

酸甜酱萝卜+美极葱油拌面+板栗小爽汇

* 萝卜可以利用平时闲暇的时间腌制。或是夏天的时候，稍微多腌制一些，吃的时候直接盛出就可以。
* 腌制萝卜的过程是使用一次盐、两次糖，这样处理后萝卜的味道会减淡。
* 葱油可以提前熬煮，熬煮的时候可同时在冷油中放入大葱、洋葱和八角。熬好的葱油放在密封效果较好的容器中，可随时制作葱油拌面，吃的时候只需要淋上提前熬好的葱油和生抽就可以了，为紧张的早晨节约时间。
* 制作板栗小爽汇时，如果没有意式沙拉汁，可以在油醋汁内加入少许美极鲜酱油或者鱼露、糖、意式混合香料后搅拌均匀，也可以调制成沙拉汁。

酣睡了一夜的肠胃，总是在早晨不肯"起来"。然而有句话叫"一日之计在于晨"，肠胃再偷懒，也得叫它们"起床"，因为早餐可是很重要的。生拉硬拽没效果，那就只好用食物来吸引了。洗洗脸，开开胃，新的一天又开始了。

本餐制作步骤：

提前腌酸甜酱萝卜→板栗小爽汇→美极葱油拌面

酸甜酱萝卜

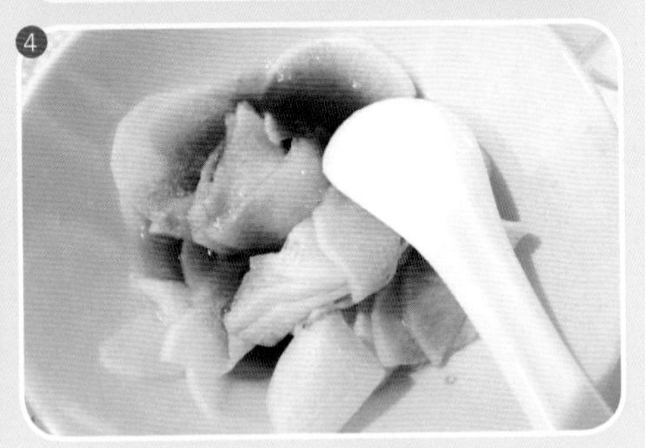

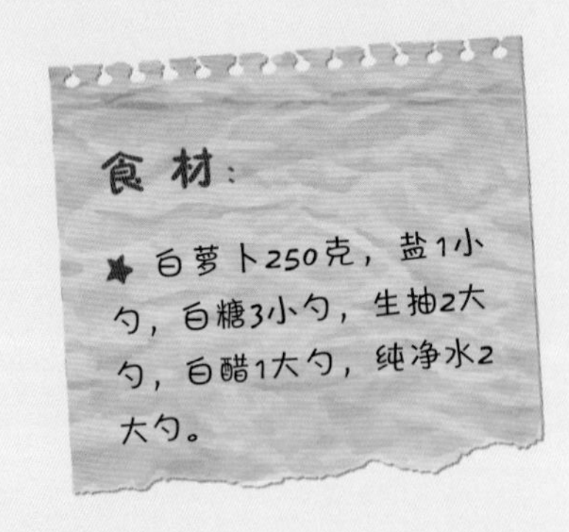

食材：

★白萝卜250克，盐1小勺，白糖3小勺，生抽2大勺，白醋1大勺，纯净水2大勺。

1.将白萝卜切片。

2.将切好的白萝卜用1小勺盐腌制半小时。

3.腌好的白萝卜会出很多水分，将水分挤干后，加入1小勺糖腌制半小时。腌好的白萝卜依旧会出水，挤掉水分，再用同样多的糖腌制半小时，然后继续将水分挤掉。

4.用生抽、白醋、剩余的1小勺白糖和纯净水搅拌均匀，将白萝卜与酱汁拌匀。

5.之后将白萝卜和酱汁都放在饭盒里，酱汁的分量要能淹没萝卜，盖上饭盒盖，在冰箱内腌制48小时左右即可。

美极葱油拌面

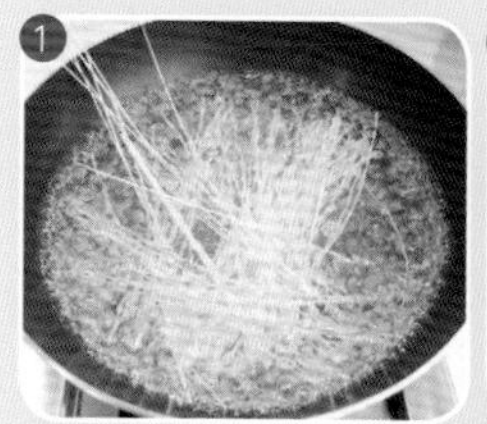

食材：

小油菜4根，熟花生碎20克，干面1小把，葱花20克，生抽2大勺，白砂糖1小勺。

1.锅内烧水煮面，面煮好后捞出。
2.冷油放入葱花炸香。
3.炸到葱花变色后，调入生抽、白砂糖，继续加热到白砂糖完全融化。
4.利用炸葱花的时间，在煮面的水里焯烫小油菜。
5.将焯好的油菜放在面条上，浇上葱油汁，拌匀后表面撒上熟花生碎即可。

板栗小爽汇

食材：

熟板栗200克，面筋200克，黑木耳50克，橄榄油3大勺，苹果醋1大勺，意式沙拉汁3大勺，盐1/4小勺，胡椒粉1/4小勺。

1.将熟板栗去皮。面筋切小块。木耳清洗干净。
2.取一只碗，倒入橄榄油。
3.将苹果醋加入橄榄油，搅拌均匀。
4.将熟板栗、面筋和木耳倒入碗中。
5.调入油醋汁、盐、胡椒粉、意式沙拉汁。
6.翻拌均匀即可。

TIPS:

- 剩米饭熬粥比生米熬粥更省时间，如果前一天晚上正好剩下米饭，也可以在当晚就将粥熬煮好。
- 如果没有涂抹型的金枪鱼酱，可以将普通的金枪鱼肉与千岛酱一同放在料理机内打成酱。
- 很多水果都可以用同样的办法烘烤，吃起来浓浓的焦糖味非常好，这也是解决水分不多的剩苹果的好办法。

粥品总是养胃又养生的，尤其是在早晚餐的时候，粥是不错的选择，只需要再加上一点儿蔬菜和蛋白质，一点儿维生素和糖分，一天的能量完全够啦。咸味的粥配合沙拉，水果片变身小甜点。让香甜的早晨带来香甜的心情。

本餐制作步骤：

熬咸蛋火腿粥→蜜烤苹果片→制作金枪鱼牛油果沙拉

咸蛋火腿粥

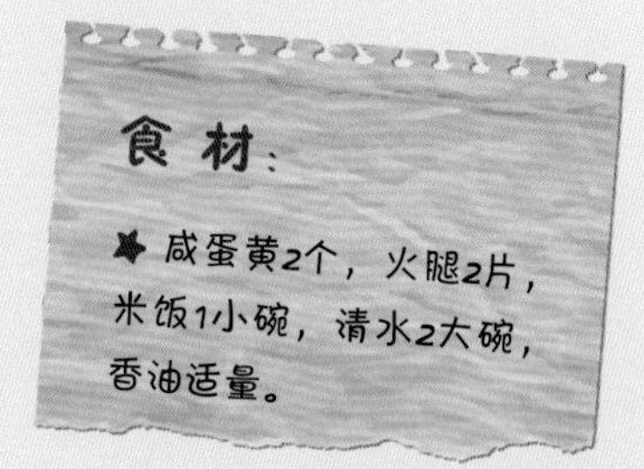

食材：

✱ 咸蛋黄2个，火腿2片，米饭1小碗，清水2大碗，香油适量。

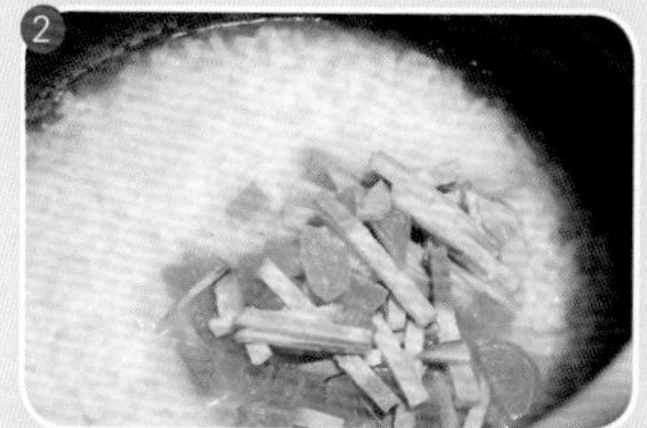

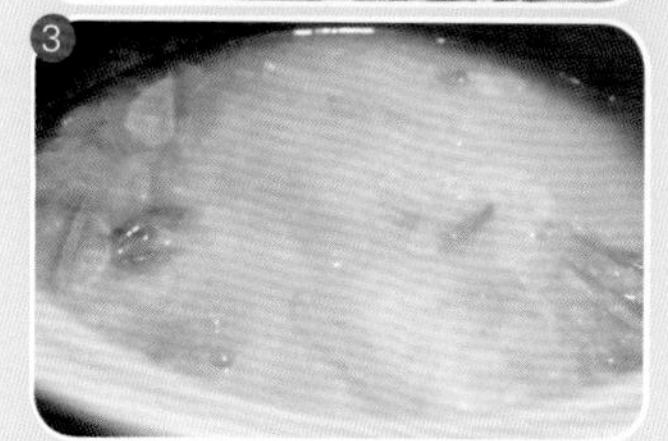

1.将火腿切丝备用。
2.将米饭加清水大火煮开后转中火。熬煮到米粒开花的时候，放入火腿丝和蛋黄块，与粥拌匀。
3.继续熬煮到黏稠后即可，起锅前可调入几滴香油。

金枪鱼牛油果沙拉

食材：

✱ 牛油果1个，金枪鱼肉酱（涂抹型）2大勺，千岛酱1大勺。

1.将牛油果对半切开，用勺子将核挖去。
2.取一小碗，拌和金枪鱼肉酱和千岛酱。
3.将拌好的金枪鱼酱填入牛油果即可。

蜜烤苹果片

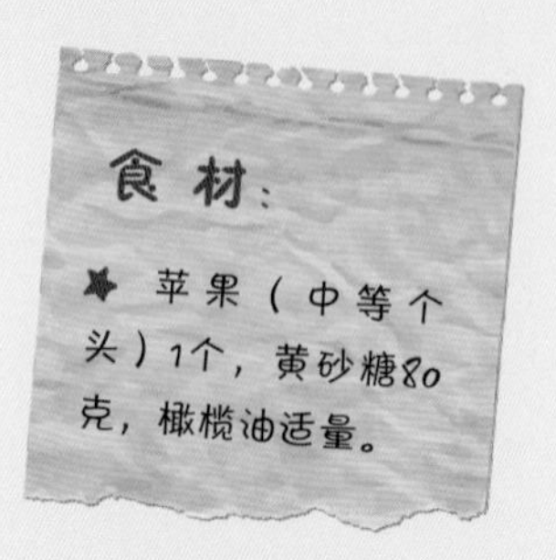

1.将苹果切片，码放在烤盘里。
2.苹果表面均匀地撒上一层黄砂糖后刷一遍橄榄油。
3.烤箱预热至220℃，烘烤12分钟，苹果表面出现焦糖色即可。

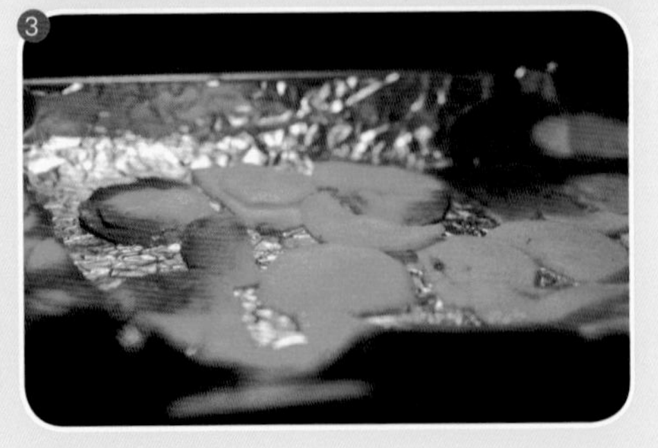

二、金牌午餐就要这么吃

宫保豆腐+酸菜萝卜肥牛煲+南瓜米饭

* 炸豆腐时需要选用老豆腐。
* 炸豆腐的时候，油温要低，大约四五成的时候就可以下锅炸制了。
* 做宫保豆腐时，淋上芡汁后，快速翻炒一下就可以出锅，否则花生变得绵软，从而影响口感。
* 豆腐可提前炸制，之后保存在冰箱内，再进一步制作各类菜肴都更节省时间。
* 酸菜在锅内翻炒一下会更酸香。

有的时候，素菜会比荤菜更加美味。这里面的宫保豆腐无论是口感还是味道，都能让人念念不忘呢！

本餐制作步骤：

南瓜米饭→酸菜萝卜肥牛煲→宫保豆腐

宫保豆腐

食材：

★老豆腐300克，熟花生米100克，青、红椒各50克，胡萝卜50克，干红辣椒4根，花椒15克，葱、姜、蒜、盐各适量，白糖1小勺，生抽1小勺，陈醋1小勺，香油1小勺，干淀粉1小勺，清水1大勺。

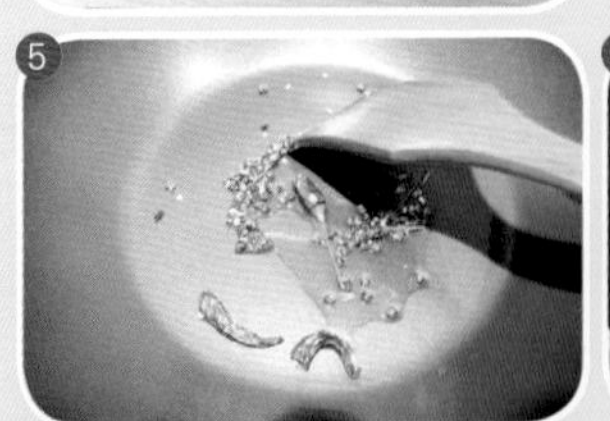

1.将豆腐切块。

2.下油锅炸到金黄。

3.将胡萝卜切丁。青椒、红椒切小块。

4.姜切片。蒜切片。葱切葱花。白糖、生抽、陈醋、香油、淀粉和清水调和成调味汁。

5.锅内放油，冷油炸香花椒和干红辣椒。

6放入葱花、姜片、蒜片炒香。

7.下胡萝卜、青椒和红椒翻炒均匀。

8.胡萝卜、青椒和红椒炒至断生后，下入炸好的豆腐和花生米，翻炒均匀，最后淋上调味汁，翻拌均匀，略微收汁即可。

酸菜萝卜肥牛煲

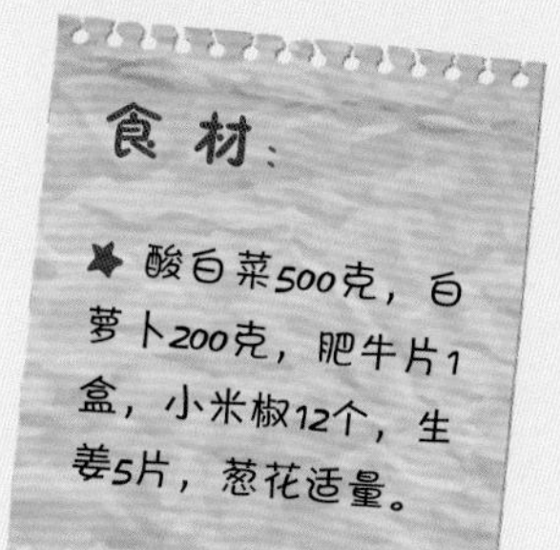

食材：

★酸白菜500克，白萝卜200克，肥牛片1盒，小米椒12个，生姜5片，葱花适量。

1.将萝卜切片。酸白菜切丝。塔吉锅内刷一层油，炒香姜片、葱花。
2.放入酸白菜和小米椒一同炒香。
3.在酸菜的表面整齐地码放好萝卜片。
4.最后放上肥牛片，盖上锅盖后大火上汽，转小火8分钟即可。

南瓜米饭

食材：

★大米150克，南瓜100克。

将大米淘洗干净。南瓜切丁。一同放入电饭煲内蒸制即可。

蒜肠肉酱意粉+蒜香三文鱼佐红酒汁

TIPS:

• 意粉和酱料拌炒的时候加入葡萄酒，味道会更好、更正宗。

• 三文鱼在腌制前最好用纸巾把水分擦干再腌制，这样做的话煎炸的时候也容易处理。

意大利美食在世界上也颇有名气，意粉的足迹也遍布全球。原因大抵是味道好又容易制作。简单几个步骤，一份意粉、一份鱼，地中海的美食在家也可以享受。

本餐制作步骤：

蒜肠肉酱意粉→蒜香三文鱼佐红酒汁

蒜肠肉酱意粉

食材:

★ 意粉酱2大勺，番茄1/4个，洋葱1/4个，蒜肠20克，白葡萄酒30毫升，意式混合香料2小勺，意粉1小把。

1.将番茄、洋葱切丁。蒜肠切片。锅中放橄榄油，油热后下洋葱炒香。
2.放入蒜肠翻炒均匀，炒出香味。
3.放入番茄丁翻炒到出水。
4.另取一锅，烧开水后加入少量盐。将意粉下入，煮到八成熟后捞出。
5.熬酱的锅中加入意粉酱并拌匀。
6.放入煮好的意粉拌炒均匀。
7.加入白葡萄酒。
8.撒意式混合香料，拌炒均匀即可。

1

2

3

4

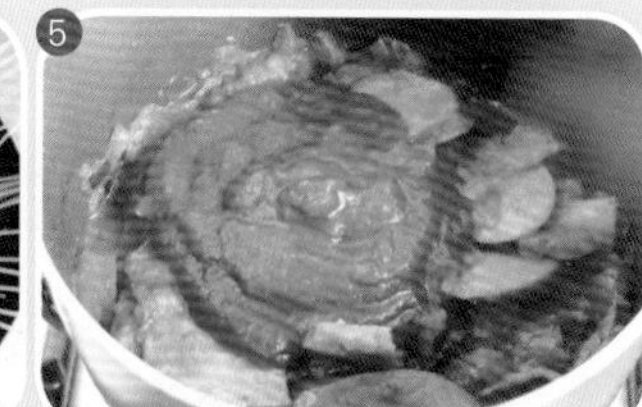
5

6

7

8

蒜香三文鱼佐红酒汁

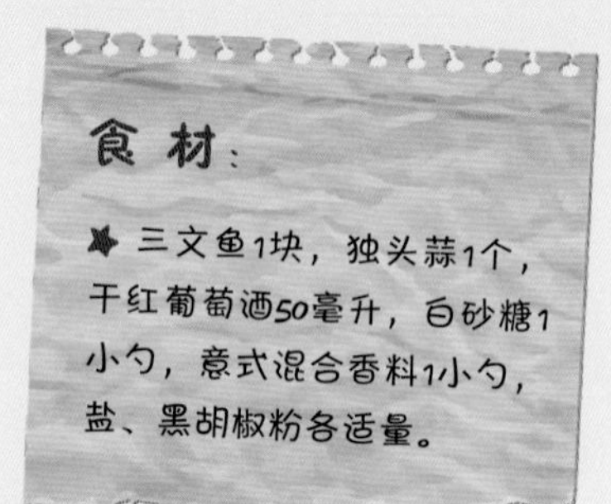

1.将三文鱼两面涂抹盐和黑胡椒粉，腌制大约5～10分钟。
2.蒜切蒜片备用。
3.锅内放橄榄油，下三文鱼煎到六成熟，放置的时候将鱼皮朝下，一面煎好后煎另外一面。
4.放入蒜片煎香。
5.倒入干红葡萄酒，撒意式混合香料略微炖煮后将三文鱼捞出，在汤汁中加白砂糖，熬煮到略黏稠后关火，淋在鱼肉上即可。

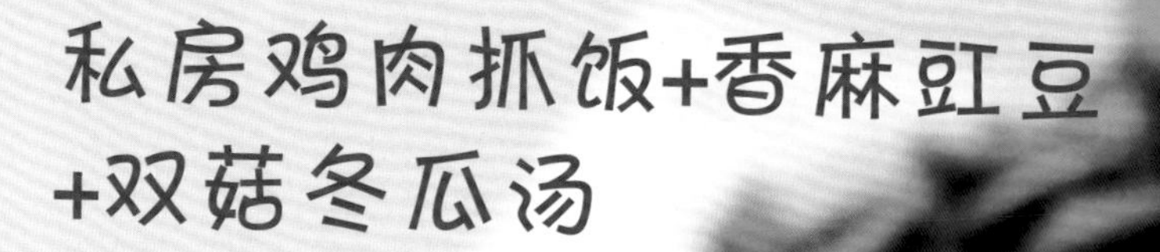

私房鸡肉抓饭+香麻豇豆+双菇冬瓜汤

TIPS:

* 购买鸡肉的时候最好买比较嫩的小鸡，鸡肉更软烂。
* 做私房鸡肉抓饭时，洋葱是不能省略的，而且要选用体形较大的洋葱。
* 鸡肉可多煸炒一会儿，一定要炒到表皮呈金黄色为止。
* 如果有现成的高汤就可以不用浓汤宝，步骤7中直接加入高汤即可。

抓饭是维吾尔族的传统食物，遇到节日或者聚会的时候，一大群人会坐在一起共同享用抓饭。传统抓饭采用的都是羊肉，米饭里添加杏干、葡萄干等干果，风味十足。因为鸡肉更容易焖熟，所以没有羊肉或者精力有限的时候，用鸡肉制作抓饭也是很美味的，味道是绝不含糊的，一样让人心生满足，不信就试试看吧。

本餐制作步骤：

私房鸡肉抓饭→焖饭的时候制作双菇冬瓜汤→香麻豇豆

私房鸡肉抓饭

食材：

嫩鸡肉1000克，洋葱1个，胡萝卜2根，大米200克，盐2小勺。

1.将鸡肉斩成小块，并清洗干净。
2.将胡萝卜切条。洋葱切丝。
3.锅内放油，放入鸡肉不断煸炒。
4.接着炒到鸡肉变白，表皮金黄。
5.放入洋葱一同翻炒出香味。
6.加入胡萝卜翻炒均匀。
7.调入盐，翻炒均匀。
8.将淘洗好的大米铺在鸡肉上，将大米尽量均匀铺开。
9.加水，水的分量比大米高出多半个指节。
10.盖上锅盖，开大火焖煮，水分收干后转小火，继续焖15分钟后关火。
11.关火后，将大米与鸡肉、洋葱、胡萝卜翻拌在一起即可。

香麻豇豆

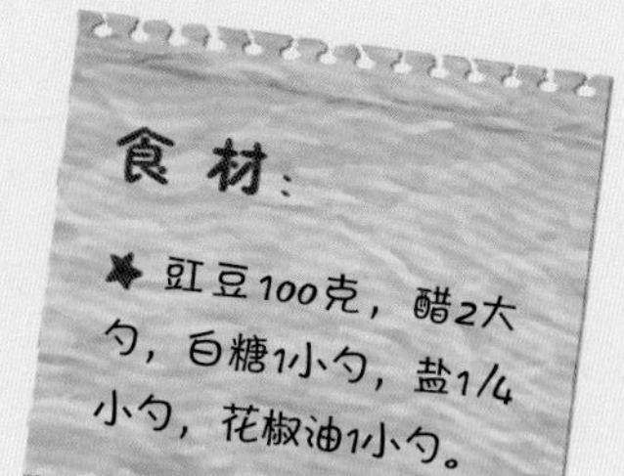

1.将豇豆清洗干净，切段。

2.将豇豆焯熟后控水。

3.将剩余食材拌成调味汁。

4.将调味汁浇在豇豆上，拌匀即可。

双菇冬瓜汤

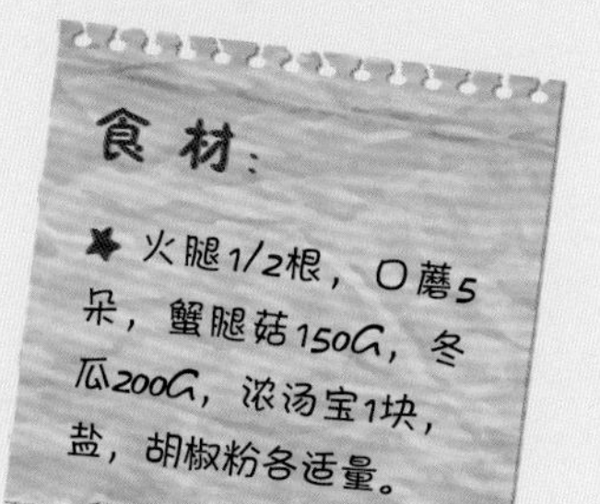

1.将火腿切片。菌菇清洗干净。冬瓜切小块。
2.锅内热少许橄榄油，下火腿片，煎至边缘微焦。
3.下入冬瓜块翻炒，下入蟹腿菇继续翻炒。
4.加水，水量要没过所有锅内食材。
5.水开后加入一块浓汤宝。
6.最后加入口蘑，大火煮开后转中火炖煮5分钟，撇去浮沫，起锅前用盐、胡椒粉调味即可。

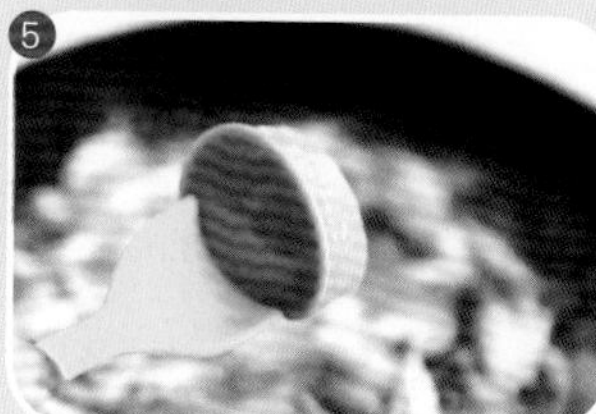

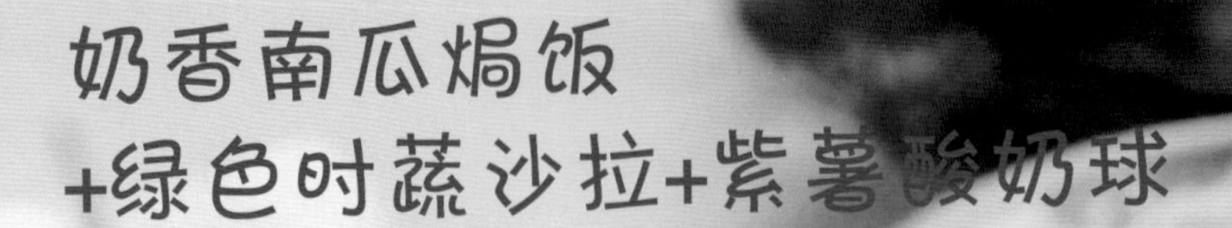

奶香南瓜焗饭+绿色时蔬沙拉+紫薯酸奶球

TIPS:

- 为了让南瓜尽快绵软，可以提前把南瓜丁在微波炉内高火加热1～2分钟。
- 为节省时间，南瓜酱可以提前熬煮，熬煮好的南瓜酱放在冰箱保存即可。
- 让紫薯酸奶球好吃的秘诀是消化饼干，麦香浓郁又有嚼劲，所以饼干最好不要掰得太碎，吃起来口感会好。
- 紫薯本身水分较少，所以放入微波炉后容器需要盖上盖子。另外可以根据口感调整牛奶的用量。
- 因为紫薯、干果、焦糖酱、酸奶都是有甜度的，所以不需要再加糖，而且这样也会更健康。

食物界总有些配搭能焕发出神奇的力量，南瓜+洋葱+黄油就是这样。这三种原本普通的食材放在一起，总能产生出绝妙的美味，如果再加上牛奶和奶酪，就更让人着迷。大约只能用鲜美来形容了。有了这样的魔法配合，简简单单的焗饭也让人无比期待和向往了。

本餐制作步骤：

奶香南瓜焗饭→焗南瓜饭的时候可以制作紫薯酸奶球→绿色时蔬沙拉

奶香南瓜焗饭

食材：

★ 南瓜300克，培根3片，洋葱1/2个，黄油30克，马苏里拉芝士100克，牛奶200毫升，剩米饭200克，盐、胡椒粉各适量。

1.将南瓜、培根、洋葱切丁。
2.剩米饭从冰箱取出放置于室内。
3.热锅化开黄油。
4.下洋葱丁炒香。
5.放入培根一同炒香。
6.下入南瓜丁翻炒均匀。
7.加入牛奶，大火煮开转中火熬煮到汤汁浓稠。
8.南瓜绵软后，用铲子尽量将南瓜压碎，搅拌均匀。之后调入盐和胡椒粉，拌匀。
9.放入米饭，将米饭和奶香南瓜酱拌和均匀。最后再将南瓜米饭盛放在烤盘里，表面撒马苏里拉芝士，烤箱预热至200℃，烤制15分钟，至奶酪融化变成金黄色即可。

绿色时蔬沙拉

食材：

★ 生菜4片，紫甘蓝4片，西蓝花5朵，圣女果6-8个、沙拉酱2大勺。

1.将生菜和紫甘蓝清洗干净后用手撕成小片。圣女果清洗干净。
2.将圣女果一切两半。
3.将西蓝花焯水。
4.最后把圣女果、西蓝花、生菜和紫甘蓝都放在容器内，加入沙拉酱拌匀即可。

紫薯酸奶球

1.将紫薯削皮切小块，放入微波炉，高火5分钟。
2.将消化饼干掰碎。干果切碎。
3.将紫薯丁碾成紫薯泥。
4.加入牛奶拌匀。
5.之后再加入饼干碎和干果碎，搅拌均匀。
6.捏成小团后放入容器。
7.在表面淋上酸奶，最后淋上适量焦糖酱即可。

食材：

★ 紫薯2块，牛奶100毫升，酸奶100毫升，消化饼干4块，干果20克，焦糖酱少量。

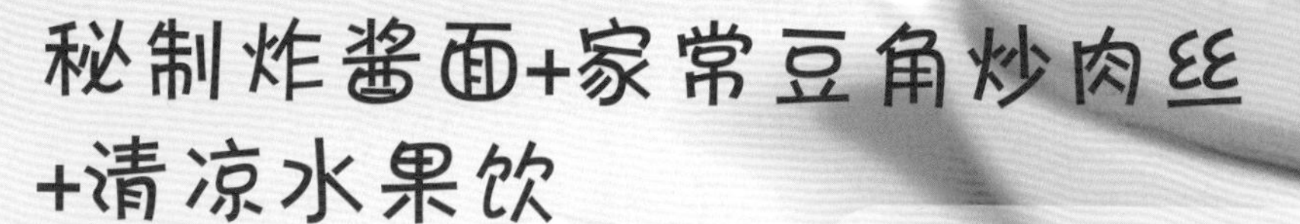

秘制炸酱面+家常豆角炒肉丝+清凉水果饮

总是喜欢多做一点儿炸酱，拌面也好、拌米饭也好，都非常好吃。天气热起来的时候，开着炉火一个菜一个菜地炒起来，也很折磨。那就吃简单省力的炸酱面吧，只需要搭配最基本的家常菜，再来一份富含维生素C的清凉水果饮。温度升高的季节，要美味，不要油腻。

本餐制作步骤：

家常豆角炒肉丝→煮面→浇炸酱→榨水果汁

TIPS:

* 大多数炸酱面都使用黄酱来制作，由于黄酱比较咸，吃完之后需要大量饮水。如果使用甜面酱来制作，不仅同样酱香浓郁，微微的甜味更适合夏天，吃完也不会觉得口干。
* 豆角一定要多烹饪一会儿，不熟的豆角含有毒素，但是完全炒熟的豆角就没有问题了。

秘制炸酱面

食材：

肉馅80克，土豆1/2个，红椒1/4个，大葱1/2根，胡萝卜1/4根，甜面酱1袋，干面一把。

1.将土豆、红椒、胡萝卜切丁。葱切葱花。锅内热油，下肉馅炒散变色。
2.放入葱花，与肉馅一同翻炒均匀，炒出香味。
3.放入土豆丁、红椒丁、胡萝卜丁翻炒均匀。
4.加水炖煮，水量刚刚没过蔬菜。
5.炖煮到土豆丁绵软后，加入甜面酱。
6.将甜面酱化开，搅拌均匀，开始收汁。
7.另取一锅煮面，煮好后捞出盛放在碗里。
8.等到炸酱汤汁浓稠关火，将熬好的炸酱浇在面条上即可。

家常豆角炒肉丝

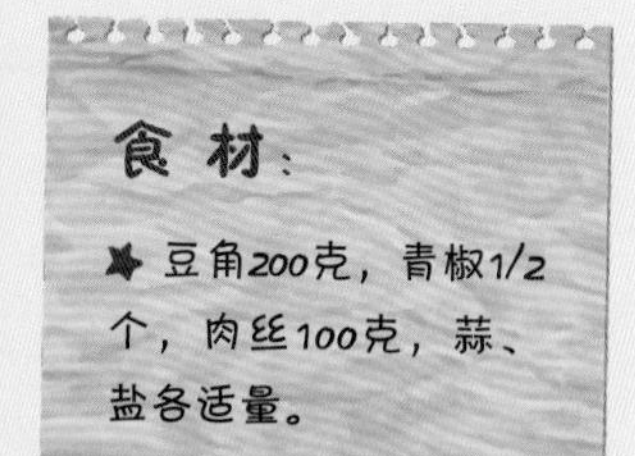

1.将豆角斜切丝。青椒切丝。蒜切片。油热后爆香蒜片。
2.下肉丝翻炒至变色。
3.下入青椒丝和豆角丝，翻炒均匀。
4.加少量水略微炖煮，起锅前用盐调味。

清凉水果饮

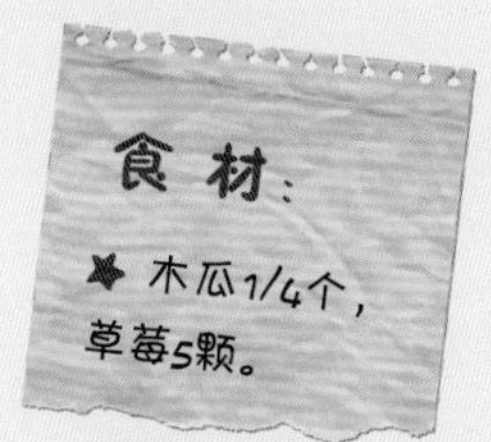

将木瓜切块。草莓切丁。一同放在料理机内榨汁即可。

豌豆米饭+三鲜冬笋+培根番茄卷

TIPS:

- 由于火腿本身比较咸，所以基本上不需要放盐。
- 培根片本身会出油，所以烘烤之前不需要刷油。

集中了一上午精神，午餐想来点清淡快捷的餐品？没问题，绿色豌豆点缀在米饭里，看起来、吃起来都十分清爽，用了火腿、冬笋和香菇的组合，清淡而鲜美。培根里裹着小小圣女果，吃起来汁水四溢，也不会油腻。清爽的午餐，真是像极了早春清爽的风。

本餐制作步骤：

蒸豌豆米饭→烤培根番茄卷→三鲜冬笋

豌豆米饭

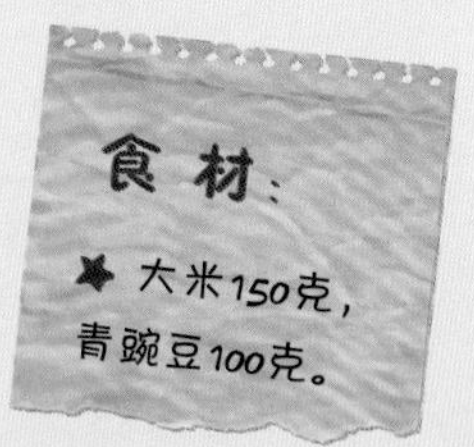

将淘洗干净的大米和豌豆一同放入电饭锅内焖蒸即可。

培根番茄卷

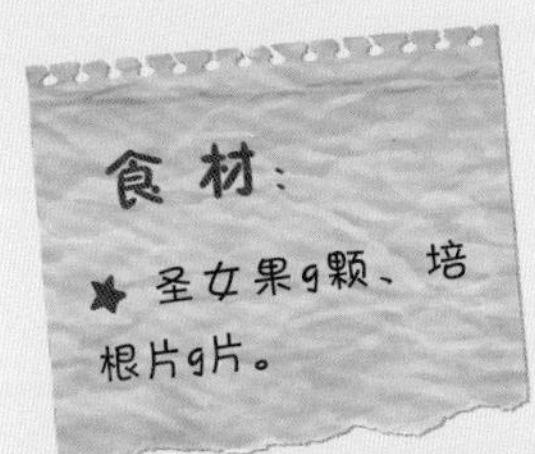

用培根片将圣女果卷起后，用牙签固定。烤箱预热至220℃，烤至8分钟即可。

三鲜冬笋

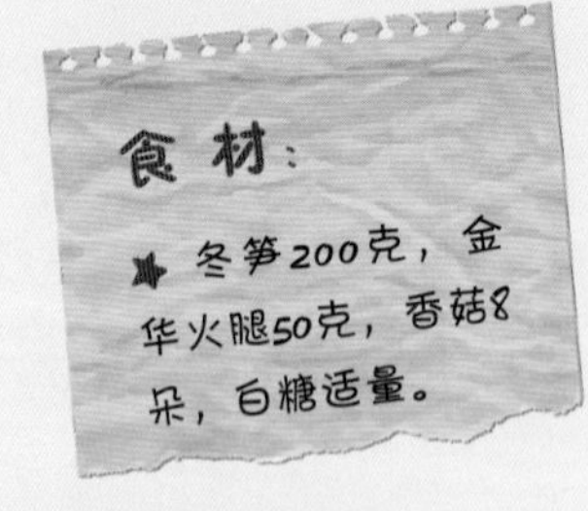

1.将冬笋、金华火腿切片。干香菇泡发。锅内油热后下冬笋略微翻炒。

2.下入泡好的香菇，一同翻炒出香味。

3.加适量水炖煮香菇和冬笋。

4.炖煮到汤汁开始出现白色的时候，加入金华火腿片，一同炖煮入味，调入适量白糖提鲜即可。

茄汁玉米翅+芝香剁椒藕+鱼香鸡蛋

TIPS:

* 鸡肉在表面划花刀，更好入味。
* 由于剁椒本来比较咸，所以没有再加盐，具体可根据个人口味选择加盐与否。
* 鸡蛋液倒入锅内后要晃动锅，尽量让鸡蛋液平整，这样煎出来的鸡蛋皮才好看。

味道香浓又不相互抵消的菜肴最适合装在便当里。开胃鲜香可口的晚餐，取出一部分第二天做中午的爱心便当，让晚餐和午餐都让人充满期待。

本餐制作步骤：

茄汁玉米翅→炖煮鸡翅的时候准备剁椒莲藕和鱼香鸡蛋的配料→鱼香鸡蛋→芝香剁椒藕

茄汁玉米翅

食材：

鸡翅6个，玉米1/2根，生姜6片，葱1小截，大料3个，干红辣椒3根，番茄沙司5大勺，生抽2大勺，老抽1大勺，料酒1大勺，冰糖20克，干红辣椒适量。

1.将鸡翅清洗干净，表面划一刀。
2.将玉米斩小段。葱切葱花。姜切片。
3.锅内热油，下葱花、姜片炒香。
4.放入鸡翅煸炒到鸡肉变色发白、鸡皮表面金黄。
5.下入大料和干红辣椒炒香。
6.加入冰糖炒到开始融化。
7.烹入料酒，加生抽、老抽翻炒均匀，加水，注意水量要没过鸡翅。
8.大火煮开后转中火，加入玉米块和番茄沙司，搅拌均匀，盖上锅盖焖煮大约15分钟。
9.鸡肉软烂后，转大火收汁即可。

芝香剁椒藕

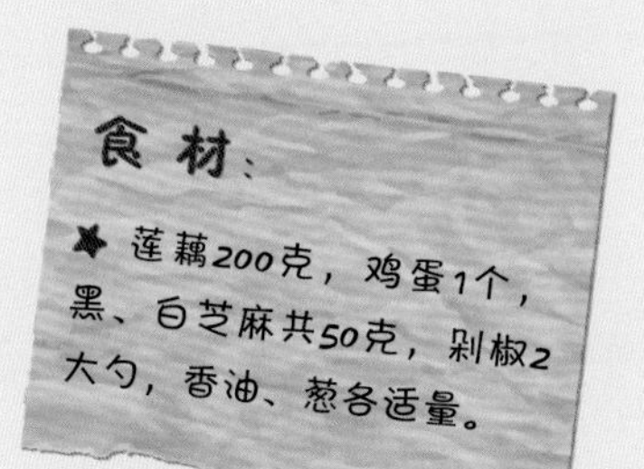
食材：

莲藕200克，鸡蛋1个，黑、白芝麻共50克，剁椒2大勺，香油、葱各适量。

1.将莲藕切丁。葱切葱花。

2.将鸡蛋放入大碗打成鸡蛋液。

3.将莲藕倒入鸡蛋液中拌匀，使每一块莲藕都沾上鸡蛋液。

4.撒入黑、白芝麻，与莲藕拌匀。

5.油热后爆香葱花。

6.放入莲藕丁大火翻炒均匀。

7.加入剁椒，翻炒均匀。

8.出锅前淋上香油拌匀即可。

鱼香鸡蛋

食材：

鸡蛋3个，黑木耳3朵，胡萝卜20克，彩椒20克，葱、姜、蒜各适量，白糖1小勺，醋1大勺，生抽1小勺，郫县豆瓣1大勺，料酒1/2大勺，干淀粉1小勺。

1.将彩椒切块。胡萝卜切片。木耳用手撕碎。葱切葱花。蒜切片。姜切丝。

2.将白糖、醋、生抽、料酒和干淀粉混合做成调味汁。

3.将鸡蛋打散，尽量搅打到没有蛋筋。

4.锅内放油，倒入鸡蛋液，晃动锅，让鸡蛋液均匀地平铺在锅底。

5.将煎好的蛋皮摊在案板上稍微散热。

6.将蛋皮切成小片备用。

7.锅内留少许油，爆香葱花、姜丝、蒜片。

8.放入木耳、彩椒块和胡萝卜片一同翻炒均匀。

9.调入郫县豆瓣翻炒均匀。

10.倒入调好的调味汁，翻炒均匀，放入鸡蛋片，炒匀即可。

TIPS:

* 鱼肉比较容易熟，所以蒸鱼的时间一般都控制在8~10分钟左右。令鱼鲜香的要诀就是在蒸好的鱼表面放上葱丝或者葱花，用烧热的油泼香，非常提味。
* 番茄盅的馅料里不是一定要添加马苏里拉奶酪，如果没有可以不放或者使用其他奶酪代替，一般的片状奶酪也可以，但是要切成小丁再加入。

节假日总是有更多的时间和更好的心情。用美食来慰劳自己也是必不可少的节目之一。新鲜的鱼用蒸的手法处理最好，撒上红彤彤的剁椒更添了喜气。小小的番茄被填满了“肚皮”，充满童趣可爱。绿色蔬菜带来的是一抹清新。这样的搭配做节日的餐桌一点儿也不逊色。

本餐制作步骤：

开屏武昌鱼→焗烤番茄盅→姜汁菜心

开屏武昌鱼

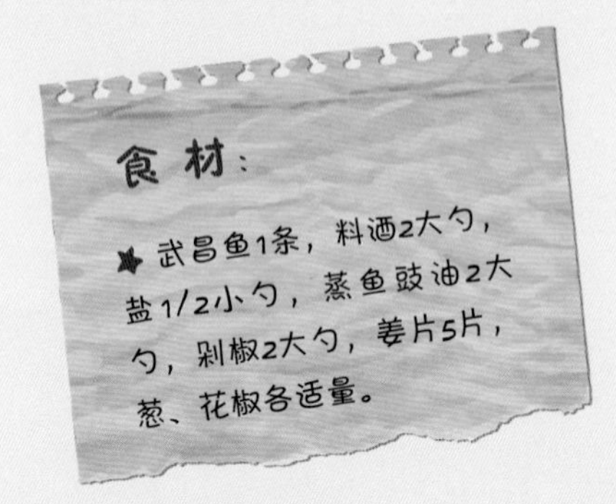

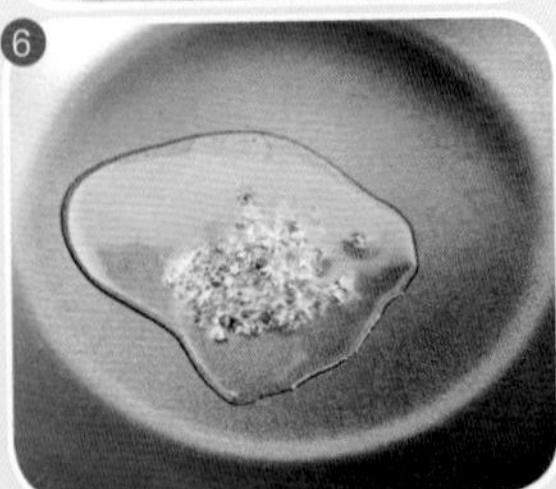

1.将武昌鱼处理干净，将鱼肉延横截面切块。
2.用料酒、盐和姜片将鱼腌制10～15分钟。
3.将葱切葱花。
4.将腌制好的鱼码放在盘子里，做成孔雀开屏的样子，之后摆放好鱼头和鱼尾，将腌鱼的汤汁和蒸鱼豉油淋在鱼肉上，腌鱼的姜片也一同放在表面。
5.将鱼肉上锅用中火蒸8～10分钟，在蒸好的鱼肉上铺一层剁椒，撒上葱花。
6.冷油下锅炸香花椒后将花椒捞出，把炸好的花椒油泼在剁椒和葱花上即可。

姜汁菜心

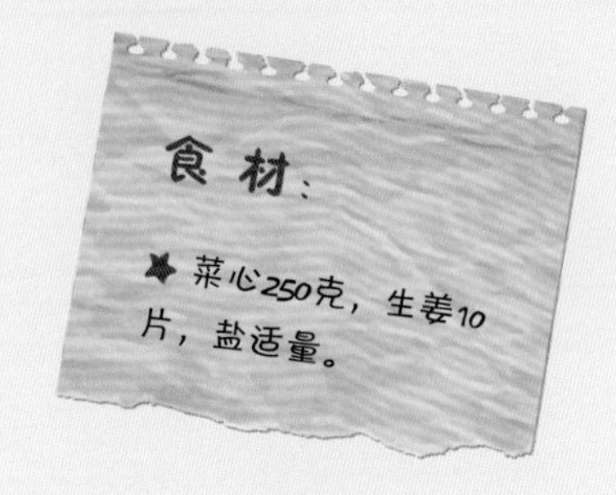

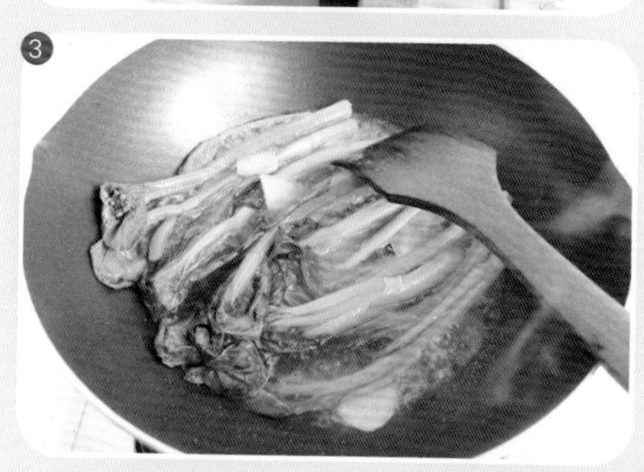

1.将菜心清洗干净。生姜切片。
2.油热后下锅翻炒菜心。
3.炒到菜心变软后加入姜片翻炒，之后加水，注意水量大约是1碗。略微炖煮直到姜片的汁液渗透在汤汁里，把姜片捞出后用盐调味即可。

焗烤番茄盅

食材：

★番茄2个，洋葱1/4个，火腿1片，甜玉米粒10克，毛豆10克，盐3克，黑胡椒5克，马苏里拉奶酪20克。

1.将洋葱切丁。火腿切丁，毛豆清洗干净。

2.将番茄在距离顶端1/3处切开，用勺子把果肉挖出。果肉切小块。

3.锅里放少许橄榄油，将蔬菜粒下锅翻炒均匀。

4.放入番茄小块，调入盐和黑胡椒碎，翻炒均匀。

5.加入奶酪碎，炒匀

6.混合了奶酪的馅料填回番茄里，放在烤盘上。烤箱预热至180℃，烤制8分钟即可。

蒜蓉西蓝花+红烧三文鱼+小番茄鸡腿汤

TIPS:

* 鸡腿最好能腌制一夜，如果没时间，也可以在早晨腌制，中午开始炖汤。
* 圣女果不要过早放入，否则会被煮烂。

星期六相熟的朋友约好来到家中，于是提前一天就计划好了美味健康又营养好看的晚餐。微酸的鸡腿汤，鸡肉炖得软烂。三文鱼肉质紧实，被浓厚酱汁包围，吃起来富有弹性。简单的小蔬菜带着淡淡蒜香。虽然简单，可也算得上是精致的晚餐，正好适合好友相聚的餐桌呢！

本餐制作步骤：

提前炖小番茄鸡腿汤→蒜蓉西蓝花→红烧三文鱼

蒜蓉西蓝花

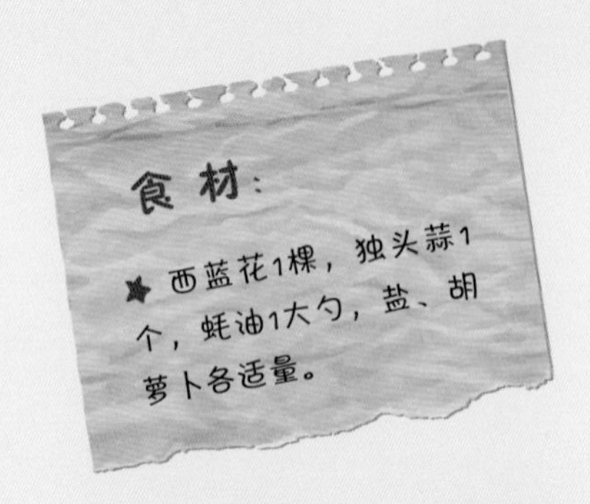
食材：

★西蓝花1棵，独头蒜1个，蚝油1大勺，盐、胡萝卜各适量。

1.将胡萝卜用切模切成小花。蒜切蒜蓉。西蓝花撕成小朵。

2.油热后下入西蓝花和胡萝卜一同翻炒。

3.加适量水略微炖煮到西蓝花变软。

4.加入蒜蓉，略煮出香味。

5.调入蚝油，拌炒均匀，用盐稍微调味即可。

红烧三文鱼

食材：

★三文鱼1块，生姜5片，葱1小段，蒜2瓣，干红辣椒2根，料酒1大勺，生抽1大勺，老抽1大勺，醋2大勺，白糖2小勺，盐1/2小勺。

1.将姜切片。葱切葱花。蒜切片。
2.锅内放少量油，煎制三文鱼。
3.待三文鱼鱼肉变色，至八成熟的时候，用锅铲将鱼肉推到锅边，下姜片、葱花、蒜片炒香。
4.调入生抽、老抽、料酒、醋、白糖和盐，放入干红辣椒后加水，水量和鱼肉基本持平，大火煮开后转中火直到鱼肉入味，收汁即可。

小番茄琵琶腿汤

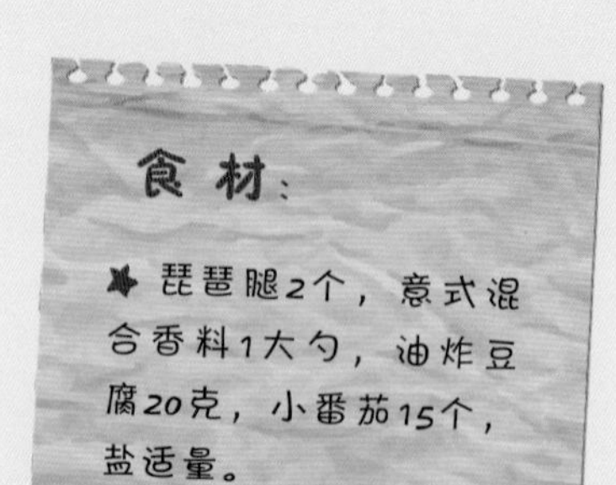

1.用刀在琵琶腿表面划几个花刀，涂抹意式混合香料后，在冰箱里腌制一夜。
2.将腌制好的琵琶腿放在沙锅里，加适量冷水。
3.大火煮开后，撇去表面的浮沫。
4.转小火炖1个小时左右。
5.将小番茄清洗干净。
6.起锅前15分钟放入小番茄和油炸豆腐干一同炖煮，用盐调味即可。

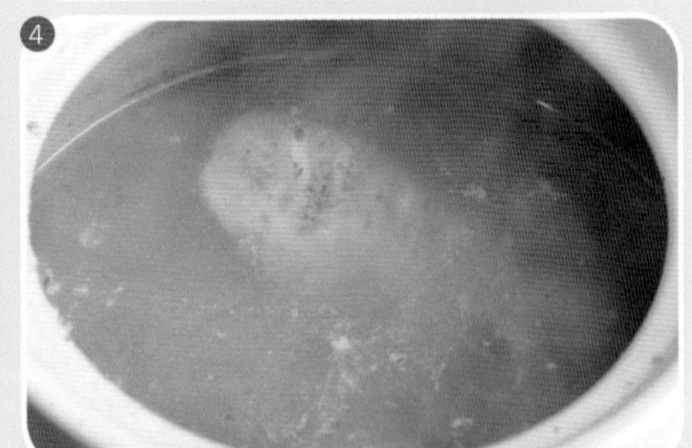

椒丝油豆结+蒜蓉粉丝蒸苦瓜+牛肉粉丝汤

TIPS:

• 油豆结翻炒炖煮时间过长的话容易烂，所以要先炒辣椒丝。另外炖制时加的水量要少，略微炖煮入味就可以了。

• 如果怕苦瓜过苦的话，可以先将苦瓜焯水。

• 浓汤宝用来制作快手汤非常方便，但是如果提前做卤汁或者炖煮牛肉的话，用自制的汤头加水炖煮会更好。

加了蒜蓉的苦瓜用蒸制的办法，可以最大限度保持食物原香。略微烧制的油豆结，味道和口感居然不亚于一道荤菜。牛肉汤里放少许鲜嫩的蚕豆，提色又提味。这样看上去都清爽的晚餐，最适合的就是已经暖意盎然的春天了。

本餐制作步骤：

蒜蓉粉丝蒸苦瓜→椒丝油豆结→牛肉粉丝汤

椒丝油豆结

食材：

★油豆结200克，青椒1/2个，红椒1/2个，生抽2大勺，老抽1大勺，料酒1大勺，白糖1小勺。

1.将青椒、红椒切丝。
2.锅内油热后下青椒、红椒炒香。
3.下入油豆结一同翻炒均匀。
4.依次倒入生抽、老抽、料酒、白糖，翻炒均匀，加少量水略微炖煮收汁即可。

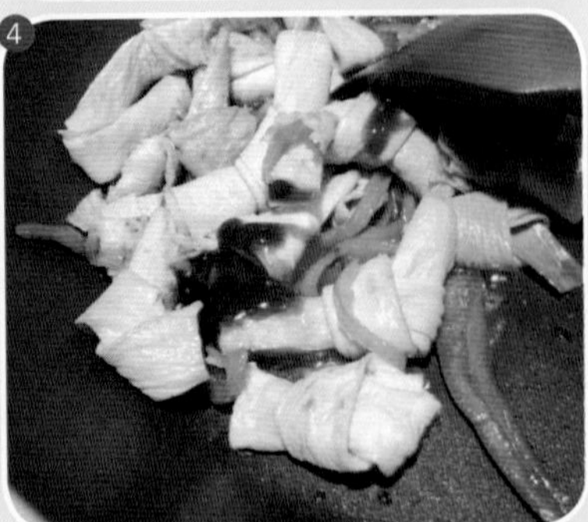

蒜蓉粉丝蒸苦瓜

食材：

★ 苦瓜1根，独头蒜2个，青椒、红椒各10克，粉丝1小把，生抽1大勺，料酒1大勺，白糖1/2小勺，水2大勺。

1.将苦瓜切块。蒜切蒜蓉。青椒、红椒切小丁。粉丝提前泡软。将苦瓜码放在盘子里，表面铺上粉丝。

2.锅内热油，小火炒香蒜蓉和青椒、红椒。

3.蒜蓉变色后加入生抽、料酒、白糖和水，炒匀。

4.将炒好的蒜蓉酱淋在粉丝上，上蒸锅中火蒸5~8分钟。

5.将蒸好的苦瓜备用。锅内放少许油加热到十成热。

6.将加热好的油淋在蒜蓉表面即可。

牛肉粉丝汤

食材：

★ 卤牛肉150克，嫩蚕豆30克，粉丝1小把，干红辣椒3根，浓汤宝（牛肉味）1/2块。

1.将卤好的牛肉切块。粉丝提前泡水，蚕豆清洗干净。
2.锅内烧水，化开浓汤宝。
3.加入蚕豆、牛肉块和干红辣椒一同煮2分钟。
4.放入粉丝煮软即可。

咖喱粉丝虾+韭菜苔炒蛋+杂豆甜汤

色彩缤纷的菜品总能促进食欲，美好的食物更让人胃口大开。小小甜汤更是可以缓解油腻。豆类、水产类和蔬菜的搭配，看到就觉得讨喜，吃起来更是健康美味。

本餐制作步骤：

杂豆甜汤→韭菜苔炒蛋→咖喱粉丝虾

咖喱粉丝虾

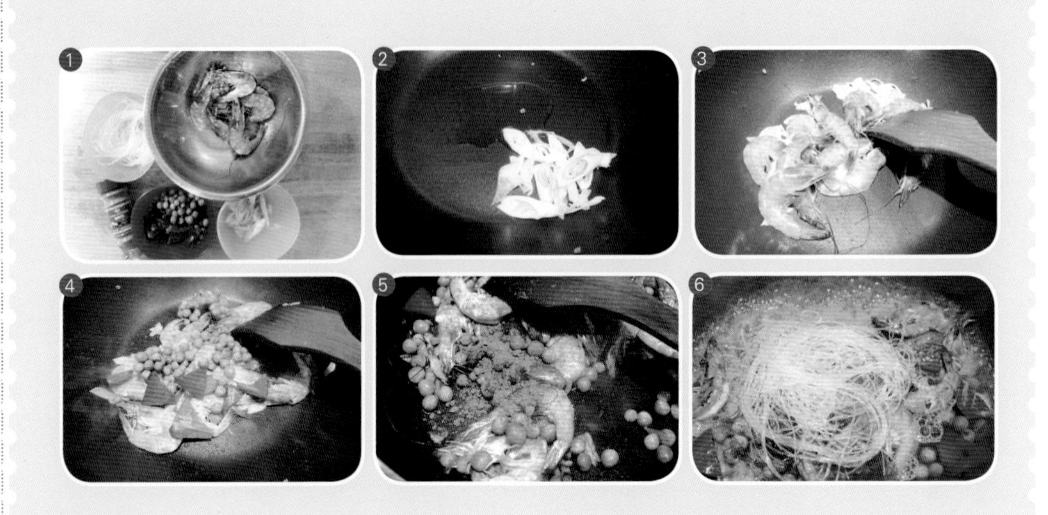

食材：

★ 鲜虾10只，粉丝1小把，青豌豆20克，红椒10克，咖喱粉2小勺，盐1/2小勺，葱适量。

1.将虾清洗干净。红椒切块。粉丝提前泡软。葱切葱花。
2.锅内热油爆香葱花。
3.放入虾一同翻炒至虾弯曲、变色。
4.放入红椒和青豌豆一同翻炒均匀。
5.调入咖喱粉翻炒均匀后加水。
6.放入粉丝翻拌均匀后一同炖煮直到粉丝变软。起锅前调入盐即可。

韭菜苔炒蛋

食材：

✦ 韭菜苔100克，鸡蛋1个，红椒1/2个，盐适量。

1.将韭菜苔切段。鸡蛋打成鸡蛋液。红椒切丝。
2.油热后下鸡蛋炒散。
3.一同放入韭菜苔和红椒丝，与鸡蛋翻炒均匀。
4.起锅前用盐调味即可。

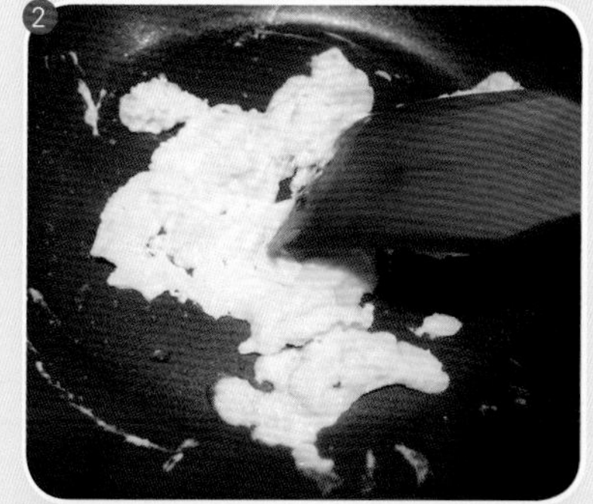

杂豆甜汤

食材：

★绿豆20克，熊猫豆20克，提子干15克，莲子15克，冰糖适量。

将所有食材清洗干净后一同放入高压锅内，大火上汽后转中火10分钟即可。注意可以根据个人口味添加冰糖。

柠香黄瓜+豉香排骨煲仔饭+酸虾汤

TIPS:

* 塔吉锅的用法是，大火上汽后，转到小火，一定是炉灶最小火的火力，不然会煳锅。
* 做酸虾汤时如果没有薄荷的话可以省略。
* 用来做煲仔饭的大米最好提前浸泡。

带着柠檬和薄荷清新的黄瓜，酸爽可口的酸虾汤，还有酱料十足、风味十足的豉香排骨煲仔饭。这些各有特色的味道综合在晚餐桌上，也算得上是一场味觉的盛宴了。

本餐制作步骤：

豉香排骨煲仔饭→同时熬煮酸虾汤→最后拌柠香黄瓜

柠香黄瓜

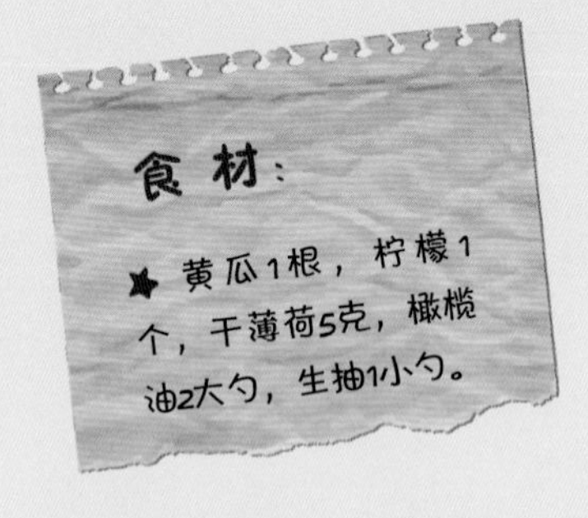

1.将干薄荷叶略微泡软后切段。柠檬切开，用1/2个柠檬挤出柠檬汁，将切段的薄荷泡在柠檬汁里。
2.在柠檬汁里加入橄榄油和生抽，搅拌均匀。
3.将黄瓜切片，用剩下的1/2个柠檬切小块。将调味汁倒入黄瓜里，拌匀即可。

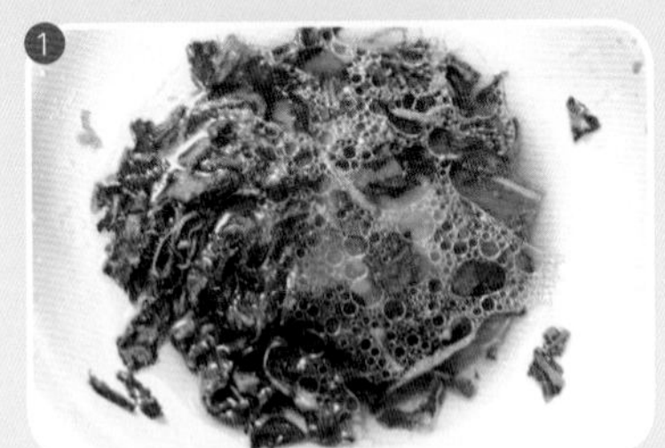

豉香排骨煲仔饭

食材：

★ 排骨300克，大米150克，干豆豉30克，洋葱1/4个，桂皮1小截，大料3颗，草果2颗，干红辣椒2根，生姜6片，生抽3大勺，老抽1大勺，料酒2大勺。

1.将大米淘洗干净后放入塔吉锅内加水，水量比大米高出不到一个指节，浸泡1小时以上。泡好后滴入几滴油。
2.将排骨切小块，冲洗干净后焯水。
3.将洋葱切丝。生姜切片。
4.锅内放少量的油，爆香洋葱丝和姜片。
5.放入干豆豉一同翻炒出香味。
6.放大料、草果、桂皮和干红辣椒炒香。
7.调入生抽、老抽、料酒一同翻拌均匀后淋在焯好的排骨上，拌匀。
8.用塔吉锅大火蒸米饭，上汽后转小火，直到米饭表面水分基本收干，大米里有蜂窝状的小洞即可。
9.将腌制好的排骨连同调味料一同铺在米饭上。
10.焖大约10分钟，排骨软烂入味后关火，挑出调料，将排骨和米饭拌和均匀即可。

酸虾汤

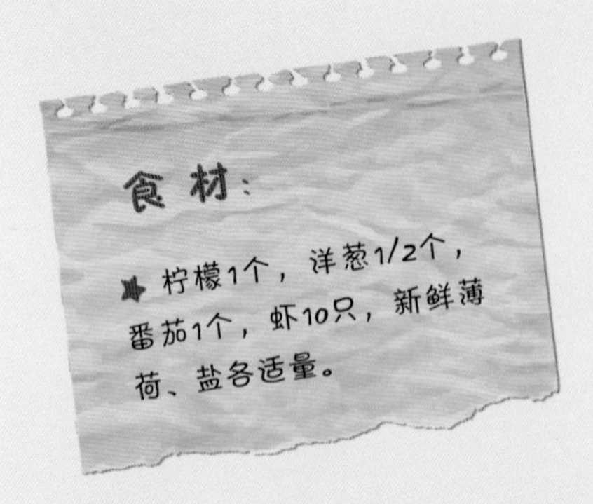

1.锅内热油，炒香事先切成块的洋葱和番茄，炒到番茄大量出水后加水煮开。
2.一个柠檬切开一半挤出柠檬汁，另一半切柠檬片。将柠檬汁加入到汤汁里面。
3.放入虾煮熟，起锅前调入盐。关火后放入新鲜薄荷叶和柠檬片即可。

附录　教你轻松搞定食材的私家秘方

一、挑选、制作蔬果类食材的方法

1.瓜果类蔬菜的挑选和制作

瓜果类蔬菜是最常食用的食材了，包括黄瓜、番茄、南瓜、茄子等，细数餐桌上出现的蔬菜品种，瓜果类几乎可以占据半壁江山。很多瓜果类的蔬菜甚至不用加热，直接清洗干净后就可以直接食用，因此在炎热的夏天作为凉拌菜也很受欢迎。那么，又应该如何挑选瓜果类蔬菜呢？而且这一类的蔬菜应该如何制作才能让它们丰富我们的餐桌呢？

（1）如何挑选瓜果类蔬菜

瓜果类蔬菜品种繁多，但是在挑选的时候，也是有共同的原则可以参考的：

①挑选饱满、富含水分的蔬菜。瓜果类蔬菜大多数都富含水分，因此在挑选时，要观察蔬菜的表皮是否紧实，如果已经变蔫、褶皱的话，那就不够新鲜了。另外果实一定要饱满，摸上去结实有弹性，干瘪委靡，个头过小的果实，多半是生长过程营养吸收不良或者受到疾病影响导致的。

②挑选颜色、形状健康正常的蔬菜。蔬菜的颜色并不是越鲜艳就越好。由于科技的发展，有很多不法商贩为了让蔬菜变得更加好看，往往使用化学制剂来处理蔬菜。因此，当蔬菜过分鲜艳，或者在挑选的过程中出现了轻微掉色的情况，就要多加小心了。另外，很多蔬菜商贩也会先将蔬菜清洁后再出售，这样的蔬菜虽然无形中为上班族节约了不少时间，但如果这种蔬菜看起来鲜亮得很不自然，最好不要选择这样的蔬菜食用了。因为能够实现超乎寻常的清洁度，多半都是化学药物，例如双氧水等的漂白作用下才能达到的。另外，当然不要挑选干枯、扭曲或者异常形态的蔬菜。另外，蔬菜表面如果有因为磕碰形成的轻微伤口，最好也不要挑选。

③挑选蔬菜也要注意自然规律。自从有了温室技术以后，基本上任何季节都可以吃到想吃的蔬菜。虽然科技技术的发展方便了人们的生活，但是自然规律是这个星球千百年来的法则，自有它存在的道理。因此，从养身和健康的角度来说，挑选食材时尽量选择时令蔬菜是比较好的。另外，开花结果，瓜熟蒂落这些说法其实是很符合自然规律的，因此很多蔬菜看上去很鲜嫩，但是如果违背了自然规律，未必是好的。例如黄瓜，大多数人都认为顶花带刺的黄瓜最新鲜，但事实上，黄瓜也是要先开花，之后果实才能慢慢成熟，而当果实自然成熟后，花已经枯萎了。而市场上出售的那些顶花带刺的黄瓜，多半是利用化学药剂来实现的。所以，顶花带刺的黄瓜不一定就是好

的黄瓜。

（2）如何制作瓜果类蔬菜

①清洗。现在的蔬菜瓜果在种植过程中基本上都被使用过农药，会有农药残留。因此，任何蔬菜瓜果在烹制之前一定要认真清洗。清洗最好使用浸泡的方法，将需要烹煮的蔬菜尤其是需要生吃的蔬菜瓜果，在清水中加入几滴蔬菜专用洗剂后浸泡10～15分钟，之后冲洗两遍。如果可以去除表皮的蔬菜，尽量去除表皮。

②烹炒。瓜果类蔬菜多数都富含较多的水分，直接烹饪的时候，尽量少放些油，使用中火烹制，这样吃起来不会太过于油腻，能够保持较为清爽的风味。如果是类似于茄子这类吸油力非常好的蔬菜，可以事前用水略焯软后，控干水分再炒，可以减少油的用量。

2.叶茎类蔬菜的挑选和制作

叶茎类的蔬菜富含维生素和纤维素，颜色鲜嫩，口感清爽。无论是在餐馆酒店，还是家庭餐桌，都是非常受欢迎的菜肴。直接炒制、做汤，或者焯水后凉拌都很好吃。那么，叶茎类蔬菜应该如何选择，又有些什么样的方法来烹饪呢?

（1）如何挑选和保存叶茎类蔬菜

其实叶茎类的蔬菜，除了和瓜果类的挑选原则相类似，还有一些小的地方需要注意:

①看颜色。挑选叶片翠绿鲜嫩的，不要挑选出现黄叶的。市场上大多数商贩为了让蔬菜看上去干净、漂亮，就会洒上水，或者用水洗过。这样的蔬菜现买现吃是可以的。但如果当天吃不完，需要继续保存的话，就最好不要选择这类洒过水的蔬菜。

②炒制的蔬菜尽量挑选叶片较大、茎干短而结实的。这一类的蔬菜清炒起来味道会更好。例如圆叶茼蒿比较适合炒制，而尖叶茼蒿更适合用来制作凉拌菜。

③叶茎类的蔬菜如果保存不当的话是比较容易软烂的，最好是现买现吃。但是上班族没有那么多时间天天买菜，总是要借助于冰箱保存。那么在保存这类蔬菜的时候，可以用吸水的厨房纸将蔬菜，尤其是叶子部分包裹好后，放入保鲜袋或者保鲜饭盒，放于冷藏室或者进行0℃保鲜保存。但最好尽快吃完。

（2）如何制作叶茎类蔬菜

①清洗。叶茎类蔬菜容易感染虫害，因此会大量使用农药，同时又没有果皮可以去除，所以清洗和浸泡工作就更加必要。

②烹炒。叶茎类的蔬菜因为口感清爽，所以比较适合用清炒、蒜蓉、蚝油、上汤这一类口味较为清淡的方法来烹饪。在烹饪过程中，不适用大火爆炒。而调味的话，一般多使用盐和鸡精，或者加少量的蚝油即可，用来保持蔬菜本身的鲜甜。如果叶茎类蔬菜要和其他食材一同下锅炒制，例如豆腐干或者香菇之类，那则先放入其他食材翻炒，再加入叶茎类蔬菜，因为叶茎类蔬菜含水量也较大，过早下锅容易产生大量水分，影响其他食材的口感，也会因为烹饪时间过长而影响其本身的鲜嫩，使其变得过于软烂。

③需要注意的是，叶茎类蔬菜最好制作完成后就全部食用完毕，尽量不要留到下一

顿饭时继续食用，尤其是不要过夜。因为加热后的绿色菜叶放置的时间稍长，会产生亚硝酸盐，食用后对人体健康十分不利，所以一定要做多少吃多少。

3.根茎、块茎类蔬菜的挑选和制作

萝卜、茭白、竹笋以及马铃薯、山药、芋头等都属于根茎、块茎类的食材。这类食材的特点是含水量较小，但是口感紧实。这类食材的挑选中，除了以上介绍的一些基本原则外，还需要注意什么呢？而这类食材又适合使用何种方式来烹制呢？

（1）如何挑选根茎、块茎类蔬菜

挑选这一类食材，要注意外表是否光滑，如果是表皮质地粗糙的尽量不要挑选，要挑选表皮较为细致的，蔬菜的颜色应当饱满有光泽，皮薄，个头大小匀称。在挑选的时候，用手稍微掂几下，看看有没有重量感，表皮或者根部没有过多纤维，没有开裂或者缺损以及变色的，如果满足以上条件，基本可以判断为较好的食材。有空心或块斑的不要挑选，出现发芽情况的不要挑选。例如在挑选萝卜的时候，要先看表皮，一般说来，表皮比较光滑的萝卜在生长时吸收的水分较少，所以肉质细腻。之后用手掂一下萝卜的重量，如果萝卜已经空心（也就是糠心的萝卜、肉质呈菊花心状），掂上去会感觉较轻，因此应当选择比重大、分量重、掂在手里感觉沉甸甸的萝卜。最后再看一看萝卜的个头大小，中等大小的萝卜肉质是比较紧实的，口感会好。如果萝卜的表皮上出现了半透明的斑块，很可能是受冻了的萝卜，这样的萝卜就不能挑选了。

（2）如何制作根茎、块茎类蔬菜

根茎、块茎类的食材很适合用烧制或者炖煮的方法来烹饪，这两种方式制作的时间都比煎炒要长一点，适合这类耐煮的食材，而在较长时间的慢炖中，这类的食材也能很好地吸收汤汁的味道。如果要炒制的话，适合切片、丝或者丁，如果是要炖煮或者焖烧，则适合切成滚刀块。如果要采用焖烧的方法，事先可以稍微翻炒，使表皮边缘略微焦香，吃起来味道会更好。酱汁多半采用生抽、老抽和糖的结合，生抽多老抽少，烧制后酱香四溢。如果是炖汤，可以一同与肉类放入沙锅内小火慢慢炖煮，此类蔬菜会大量吸收肉汤的鲜美，吃起来绵软鲜香。

4.花菜类蔬菜的挑选和制作

花菜类蔬菜最常见的是花椰菜（就是菜花）和西蓝花，这类蔬菜因为富含多种维生素和矿物质，口感爽脆，深受人们喜爱。那么这类的蔬菜，在挑选和烹制的时候，有什么需要注意的呢？

（1）如何挑选花菜类蔬菜

挑选花菜类蔬菜，一是要看成熟度，以整个食材花型饱满、花柱细、肉质厚且脆嫩的为好。二是要看表面，要尽量挑选干净，没有伤疤、虫眼和腐烂损伤的为好。另外叶片如果出现腐烂的，也不要挑选。不少人认为菜花一定是越白、越紧实就越嫩，其实这也不是一定的。菜花在生长和收获的过程中会受到外界因素影响，因此呈现的白色也会略微偏黄，如果过分白皙的菜花，有很大可能是被化学药水浸泡过。由于产地不同，北方种植的菜花颜色白、花球紧实。而南方菜花泛黄发绿，更松散。从营养角度讲，南方

菜花所含维生素C、胡萝卜素更丰富，口感也更嫩、炒出的菜更香、更好吃。

（2）如何制作花菜类蔬菜

①清洗。花菜类的蔬菜，在冲洗之后要先用手掰成小块，再放入水中浸泡。不使用刀切而用手直接掰成小块的原因是，这样的操作方法可以更好地保证食材的完整度，不会因为刀切变得松散。浸泡时间不少于15分钟为好。

②焯烫。花菜类蔬菜因为口感较硬，可以在下锅翻炒前用开水略微焯烫，水开时锅中可加入少许盐。

③烹炒。在花菜类蔬菜与其他食材一同搭配烹制的时候，例如火腿、蟹棒之类的熟食，应先下入花菜类蔬菜翻炒后再加入其他食材，可以在翻炒均匀后，加少量的水分略微炖煮。如果采用干锅类的做法，虽然在烹炒之前不用焯烫，但是在烹炒的过程中则需要采用分次少量加水的方法使蔬菜变熟。

二、挑选、制作禽肉类食材的方法

1.鸡肉的挑选和制作

鸡肉因为肉质鲜嫩、容易制作、单独烹制或者与其他蔬菜肉类搭配都很方便，因此家庭快手菜的制作中，肉类菜肴通常会选用鸡肉进行烹饪。但是超市里能见到的鸡肉多半是养殖场中养殖的肉鸡，而不是我们常说的土鸡、走地鸡。这类鸡的特点是肉质松散，但是容易软烂，另外超市中还售卖已经分装好的鸡翅中、鸡翅根、鸡腿等，方便根据不同菜肴来烹饪。而农贸市场上售卖的活鸡，现场挑选宰杀，更为新鲜，如果是选择走地鸡（也叫土鸡、散养鸡等），肉味更香浓，但是需要更长的烹饪时间。两种鸡各有千秋，读者又应当如何辨别挑选呢?

（1）如何挑选活鸡

①首先自然是要挑选健康的鸡。活鸡是否健康，可以从羽毛、眼睛、精气神等多个方面来观察。羽毛紧密有光泽，看上去略微泛出油光的鸡，是健康的；眼睛明亮、灵活有神，眼球充满整个眼窝，是健康的；鸡冠与肉髯颜色较红，鸡冠坚挺，肉髯柔软的是健康的；鸡的双翼贴紧身体，鸡爪强壮有力，步态坚实，行动自如的是健康的。

②嫩鸡的挑选。鸡的老嫩主要是看鸡爪。脚掌如果皮质较薄，脚尖磨损程度轻微，脚腕突出的骨节状物体较短，鸡爪没有僵硬现象，那么这只鸡是比较嫩的鸡。

③走地鸡的肉味更加鲜香，肉质非常紧实，吃起来很有嚼劲，尤其适合炖汤，在农贸市场上售卖。识别走地鸡也是主要看鸡爪，因为走地鸡的生长过程多是散养的方式，因此走地鸡的脚爪比较粗糙，脚趾细但是很尖长，走起路来显得有力，而饲养场规模养

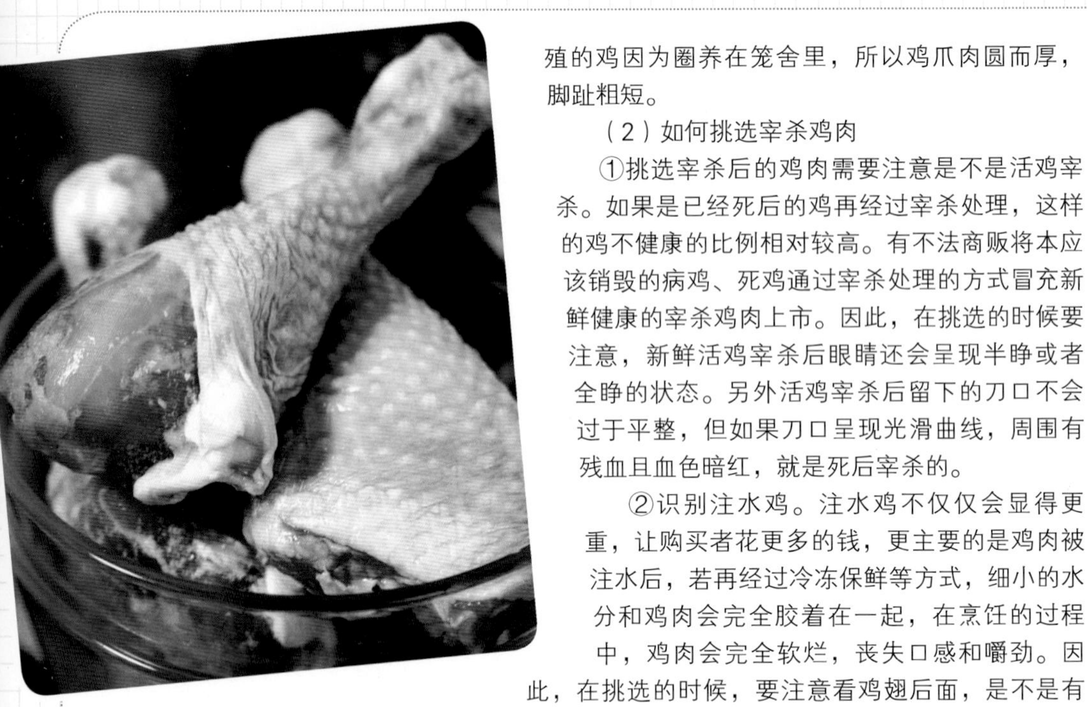

殖的鸡因为圈养在笼舍里，所以鸡爪肉圆而厚，脚趾粗短。

（2）如何挑选宰杀鸡肉

①挑选宰杀后的鸡肉需要注意是不是活鸡宰杀。如果是已经死后的鸡再经过宰杀处理，这样的鸡不健康的比例相对较高。有不法商贩将本应该销毁的病鸡、死鸡通过宰杀处理的方式冒充新鲜健康的宰杀鸡肉上市。因此，在挑选的时候要注意，新鲜活鸡宰杀后眼睛还会呈现半睁或者全睁的状态。另外活鸡宰杀后留下的刀口不会过于平整，但如果刀口呈现光滑曲线，周围有残血且血色暗红，就是死后宰杀的。

②识别注水鸡。注水鸡不仅仅会显得更重，让购买者花更多的钱，更主要的是鸡肉被注水后，若再经过冷冻保鲜等方式，细小的水分和鸡肉会完全胶着在一起，在烹饪的过程中，鸡肉会完全软烂，丧失口感和嚼劲。因此，在挑选的时候，要注意看鸡翅后面，是不是有黑色的小斑块，如果有，要注意是否有红色针眼，如果有就可以判定为注水鸡。另外可以用手捏掐鸡的皮层，如果明显打滑，也可判定为注水鸡。

③新鲜程度判断。即使是宰杀后的鸡肉，也要挑选新鲜的来食用。新鲜的鸡的鸡爪基本不弯曲，而不新鲜的鸡的鸡爪鳞片颜色发乌，干燥没有光泽。新鲜的鸡肉表皮较软，富有弹性；不新鲜的鸡肉表皮萎缩干燥，丧失水分。放置时间太久的鸡，眼球会凹陷。

（3）如何制作鸡肉

鸡肉因为容易烹饪、口感细腻、购买容易、价格适中，所以也是人们经常会选择的食材之一。那么鸡肉在制作过程中应该注意哪些问题呢？

①不同类型的鸡适合不同类型的烹饪方法

炖汤的鸡，最好选用走地鸡，也就是一般常说的土鸡或者柴鸡。这类鸡的肉味鲜美，但是肉质过于紧实，烧制、卤制都需要很长时间才能入味软烂，而鸡肉本身的鲜香也会因为味道比较重的酱汁打了折扣，所以不适宜烧制卤制。小火长时间焖炖既可以最大限度保留鸡肉本身的鲜味，同时也能将鸡肉焖得软烂。

干炒或者需要蒸制的鸡，最好选用比较嫩的小鸡，或者童子鸡。这样的鸡个体较小，因此斩切之后肉块也会相对较小，鸡肉本身也比较鲜嫩，并不适合长时间熬煮，大火快炒或者蒸制都更加容易入味软烂。

焖烧或者卤制的鸡，可以选用超市里经常见到的肉鸡。这类鸡肉本身肉质相比土鸡要松散，特点是肉质比较肥厚。因此在焖烧或者卤制的过程中，不会因为汤水的熬煮而使鸡肉变得过于软烂、丧失嚼劲。同时也不会因为烧制的时间相对较短而显得难以咀嚼。

②不同部位的鸡肉可采取不同的烹饪手法

整鸡可用来煲汤，比较肥厚的整鸡可以用来烧烤。

鸡翅、鸡腿、鸡身较为适合焖烧、卤制，除此以外鸡翅中也很适合烧烤，嫩鸡的鸡翅剁小块后也可以蒸制。

鸡脖、鸡爪适合卤制。

鸡胸肉更适合与其他食材一同制作，例如炒菜、凉拌，或者剁成肉馅再来烹制。

鸡头和鸡尾大多数人会弃之不用，但也有爱吃鸡头的，同样可以用卤制的办法，也是一味很不错的下酒菜。至于鸡尾，由于含有过多的油脂，虽然在台湾菜中，它可以被制作成名为“七里香”的美味小食，但吃多并不健康，因此不建议食用。

2.鸭肉的挑选和制作

鸭肉性温，营养丰富，特别适宜夏秋季节食用，既能补充过度消耗的营养，又可祛除暑热给人体带来的不适。所以说鸭子是一种很健康的食材，但是鸭肉制作起来时间会比鸡肉的制作时间略长，因此如果赶时间又想吃鸭，应该挑选怎样的鸭子，用什么方法制作呢?

（1）如何挑选鸭肉

鸭肉的挑选原则与鸡肉基本相同，新鲜宰杀后的鸭子脚蹼富有弹性，用手按压很快能恢复原状，而不新鲜的鸭子脚蹼则干缩无弹性。新鲜的鸭肉上的脂肪呈淡黄色；如果不新鲜了，鸭肉脂肪的黄色就会变淡，而且肉质发黏。

（2）如何制作鸭肉

①不同类型的鸭子适合不同的烹制方法

鸭子通常会有水鸭、老鸭、填鸭、洋鸭（旱鸭）、土鸭的说法。其中水鸭、老鸭、土鸭是比较适合用来炖汤的；填鸭因为肉质肥厚，多用来制作烤鸭。比较嫩的水鸭也可以采用焖炖、酱烧这一类的做法，但洋鸭（旱鸭）并不适合炖汤，更适合用红烧或者炒制的办法来处理。

②让鸭子好吃的小窍门

鸭子有一股特别的腥臊气，处理不好的鸭肉在加热后腥气更为浓烈，在制作过程中，只要注意以下几个方面，鸭肉就会变得鲜嫩好吃。

首先，鸭子在清洗的过程中，尽量把鸭子腹腔内的血块、筋膜彻底清除，而且要将鸭子翅膀、腿根部位的零星鸭毛拔除干净，这是保证鸭肉不腥的基础要素。

其次，将鸭肉剁成小块后，可以观察到鸭皮和鸭肉之间的脂肪层内会有一粒一粒的黄色小块，祛除这些小的黄色块状物可减少鸭子的腥臊气。

无论是炖汤还是烧制，鸭子都要事先略微煎炒一下，因为鸭子本身含有的油脂较多，这个过程既可以将肥油祛除，还可以给鸭肉提香。因此煎炒鸭肉最好不要放油，将鸭皮的那一面朝下放入锅中，如果怕粘锅的话，就在锅内壁刷少许油。鸭子出油后，就放入姜块炒香。禽类的腥臊气一定要用生姜来祛除，味道才会鲜美。另外，还有一些蔬菜有很好的除腥作用，例如洋葱、胡萝卜等，如果采用烧制的办法烹煮鸭肉，可以加入这类蔬菜。

最后，制作肉荤多半需要加入酒类来提香去腥。就鸭肉而言，它更适合高度的白酒、烧酒，并不适合料酒或者黄酒。

如果是炖汤用的鸭子，一定要时常将表面的肥油祛除，汤水才会清爽好喝。

③不同部位的鸭肉可以采用不同的方法烹饪

鸭肉块、鸭腿可用来烧制，炖汤。鸭翅、鸭脖可用来卤制。鸭胸肉除了用来烧制，煎烤也非常好吃。

3.猪肉的挑选和制作

猪肉是日常生活中食用最多、受众最广的一种肉类了。任何方式的烹饪方法都可以用在猪肉身上，而猪的各个部分也都可以制作菜肴。也正是因为猪肉的畅销程度，才会有很多不法商贩在猪肉上动脑筋，所以如何挑选健康新鲜的猪肉对日常餐桌来说尤其重要，而猪肉又都可以用什么样的方法来烹制呢?

（1）如何挑选猪肉

①购买的场合。尽量去正规超市或者证照齐全的摊点购买猪肉。这些地方的猪肉相对来说品质还算是有保证。并且正规肉联厂出产的猪肉都是经过检验检疫的，肉身上会加盖检验检疫的蓝紫色章子。

②观察外形。首先是看颜色。好的猪肉颜色呈淡红或者鲜红色，不健康的猪肉颜色往往是深红色或者紫红色。并且较嫩的猪肉颜色较淡，而老一些的猪肉颜色较深。新鲜猪肉皮肤呈乳白色，脂肪层厚度适宜（一般至少约为2厘米厚）且是洁白色有光泽，没有黄膘色。肌肉呈均匀红色，表面微干或稍湿，但不黏手，富有弹性，用手指按压很快能复原。健康新鲜的冻肉肉质坚实，解冻后肉质颜色、气味、含水量等都应当正常无异味。而劣质肉类会有异味，例如有废水味或药味等气味，或者粪臭、腐败、怪甜等气味。皮肤上或有出血点斑块。注水猪肉呈灰白色或淡灰，肉表面有水渗出；死后宰杀的猪肉皮肤会有淤血呈紫红色，脂肪灰红，血管有黑色凝块。

（2）如何制作猪肉

不同部位的猪肉的制作方法如下：

里脊肉：脊骨下面一条与大排骨相连的瘦肉。没有肉筋，是猪肉中最嫩的肉，适合切片、切丝、切丁，烹饪时炸、炒、爆都很适合。

臀尖肉：臀部的上面，都是瘦肉，肉质鲜嫩，与里脊肉做法基本一致。

坐臀肉：位于后腿上方，臀尖肉的下方，虽然是瘦肉，但肉质较老，一般多作为白切肉或回锅肉用。

五花肉：最常出现在菜谱里的肉类，位于肋条部位，因为是一层肥肉、一层瘦肉夹起的，所以叫做五花肉，适于红烧、白炖或者粉蒸肉等用。

肘子：也叫蹄膀，即腿肉。适于酱、焖、煮等。后蹄膀比前蹄膀好。

猪头：宜于酱、烧、煮、腌，多用来制作卤味冷盘，其中猪耳、猪舌是下酒的好菜。

小排：在前腿上部有一排肋骨，适宜作糖醋排骨或煮汤。

猪蹄和猪尾：肉质的成分很少，多是皮脂，富含胶原蛋白，无论是炖汤还是酱烧，都很美容养颜。

4.牛、羊肉的挑选和制作

从健康营养角度来说，牛羊肉比猪肉更为健康，但价格相对略高，尤其是日本料理中采用的和牛，美味和昂贵成正比。而日常生活中，也因为饲养的原因，牛羊肉在北方地区食用较多，容易购买，尤其是西北地区因为少数民族聚居，很多美味的特色小吃都是由牛羊肉制作。那么，如何挑选才能买到品质较好的牛羊肉，牛羊肉又应该采取这样的烹饪方式呢?

（1）如何挑选牛羊肉

虽然牛羊肉略有不同，但是挑选起来，依然有几个原则是共同适用的：

①味道。新鲜的牛羊肉闻起来气味较正，会带有独特的肉膻味，但并不刺鼻浓烈，更不会腥臭。

②颜色外观：新鲜的肉用手轻轻触摸，能感觉到表面略微湿润，有薄薄的一层油脂，但并不黏手；轻轻按压表面，能感觉到皮脂有弹性，按压后可迅速恢复原状；肉皮富有光泽，表面无红色血点或者斑块；肌肉结构密实，颜色红而且匀称，脂肪部分颜色洁白，具有光泽。如果颜色发黑暗沉，则不新鲜。

（2）如何制作牛羊肉

①牛肉。牛肉可以分为黄牛、水牛、牦牛和牛犊肉。市面上多见的牛肉都是黄牛肉，而无论从口感和味道上来说，黄牛肉都是最好的选择。虽然说牛肉可以分为很多不同的部分，但其实在日常生活中，我们多半购买的无外乎里脊、外脊、腱子肉等，总体来说，牛头周围的肉譬如牛脖子、上脑，多适合用来做馅儿。而牛身体的部分例如里脊，外脊、三岔肉之类，因为肉质比较细嫩，适合炒、炸，或者炖汤。牛腿部分例如腱子肉肉质紧实，含有肉筋，多半卤制后切片制作凉菜。

②羊肉。羊肉可以分为山羊和绵羊两种。简单来说，绵羊含有的油脂成分较多，而山羊较少。绵羊的肉质较软，口感更细腻；山羊的肉质更有嚼劲，口感相对来说略粗。羊肉的做法无外乎煮、炒、焖、酱以及炖汤。一般来说，羊肉各部分适合的做法与牛肉差不多，但在西北地区有一种特别的吃法，会选用羊脖子或者肥瘦相间的肋条部分，在清水里加入特别的香料后煮熟，吃的时候蘸取椒盐，配合蒜片一同食用，叫做手抓羊肉。

三、挑选、制作水产类食材的方法

1.贝类水产的挑选和制作

水产类食材富含蛋白质，脂肪含量较低，肉质鲜甜有嚼劲。新鲜水产制作起来非常容易，因此有很多人喜欢吃。但是水产类的食材如果在挑选和烹饪过程中不注意的话，也很容易引起腹泻、头痛、头晕等食物中毒的症状，那么应该如何挑选贝壳类的水产，又使用什么样的方法来烹饪味道更好呢?

（1）如何挑选贝类水产

其实挑选任何水产，最主要的宗旨就是一条，即挑选鲜活的，贝类也是这样。鲜活的贝类不仅健康干净，吃起来味道也更鲜美，没有水产的腥气。挑选贝类的时候，首先要挑选那些略微开口或者露出肉质的贝壳，之后用手轻拍贝壳或者轻碰肉质，如果贝壳迅速闭合或者贝类的身体迅速回收，就是鲜活的，毫无反应的则已经死掉。有的贝壳虽然双壳紧闭，但偶尔会露出小缝向外吐水，这样的贝类也是鲜活的，可以购买。

（2）如何制作贝类

贝类的烹调方法基本上有白灼、蒜蓉粉丝蒸以及爆炒这3种。但无论哪一种做法，首先都需要将食材处理干净。因为贝壳体内会含有泥沙，因此清洁贝壳，不仅仅需要将它的外壳洗刷干净，内部的泥沙也要倾吐，可以在清水中加入少量盐，将买回的贝壳放在盐水中浸泡30分钟到1小时，贝壳会自行将体内泥沙吐干净，之后再换水1～2次，清洗干净即可。如果是蒜蓉粉丝蒸制，则应当首先清洁外壳，之后将外壳撬开，只保留一边的外壳，将另外一边的外壳和肉质用小刀贴内壁分割开，如果是扇贝的话，就保留较鼓的一面，丢弃较为扁平的一面。之后将贝壳内不能食用的部分丢弃即可。

越是新鲜的水产就越适合使用最简单的白灼的方法，就是水煮。吃的时候可以蘸取少量调味汁，可以最大限度保持水产本身的鲜甜。

需要烹炒的贝壳，在烹炒之前最好事前用开水略焯，这样一方面可以将那些不开口的贝壳挑出丢弃（这样的贝壳多半已经死掉或者空心），另一方面在炒制的时候可以避免大量出水。而调味料选用最基本的葱、姜、蒜、料酒、干辣椒即可。

2.虾类水产的挑选和制作

相比起来，虾在水产中是制作耗时最短的一类，同时味道鲜美，可以制作多种菜肴，购买也相对容易，因此虾也是时常出现在餐桌上的食物。虾的挑选和烹饪又应该注意什么呢?

（1）如何挑选虾类水产

新鲜的活虾自然是最好的选择，但一般我们在超市买到的都是冷鲜的虾，这类虾在挑选的时候需要注意以下几点:

①看虾头和身体的连接。在虾体头胸节末端存在着被称为“虾脑”的胃和肝脏。虾体死亡后，连接处会变得松弛，虾头容易自行掉落，这样的虾不能选择。

②看外观。较为新鲜的虾身体会呈现透明的光泽，颜色偏青灰色。如果放置过久，身体就会逐渐呈现红色。

③弯曲度。较为新鲜的虾，能保持死亡时伸张或卷曲的固有状态，使用外力拉直，也能很快恢复原形。但当虾放置时间过长后，组织变软，就失去这种弯曲度。

④体表清爽度。新鲜的虾身体表面的水分是来自于环境;不新鲜的虾放置得越久，甲壳虾的分泌物会大量渗透到体表，触摸的时候能感觉到黏稠。

（2）如何制作虾类水产

虾的烹饪方法较多，日常生活中多采用白灼、煎炒、油炸、蒜蓉粉丝蒸或者烧烤;新鲜的龙虾常被用来制作刺身。但无论是哪种方法制作，在清洁的时候，都需要将虾的虾枪剪去，否则在食用的时候容易扎嘴，另外还需要开背将虾泥挑出。

3.鱼类水产的挑选和制作

常说吃鱼的人聪明，事实上鱼类对人体的健康是非常有好处的。无论是男女老少，大部分人群都非常适合食用鱼类。那么鱼类应该如果挑选和烹饪呢?

（1）如何挑选鱼类水产

和任何水产一样，挑选鱼类也是尽量选择健康的活鱼。如果买不到活鱼，也自然要挑选新鲜的冷鲜鱼。

挑选鱼类主要是看眼睛、鱼鳃、表皮、鱼鳞:

新鲜鱼的眼干净透明，并且完整，向外略微凸出，周围无充血及发红现象;不新鲜鱼的眼睛塌陷色泽灰暗，有时由于内部出血而发红;腐败的鱼眼球会破裂干瘪。

新鲜鱼的鳃颜色鲜红或粉红，鳃盖紧闭，黏液较少呈透明状，无异味;不新鲜的鱼鳃的颜色呈灰色或褐色;如鳃颜色呈灰白色，有黏液污物的，则已经腐坏。

新鲜鱼表皮上黏液较少，体表清洁;鱼鳞紧密完整而有光亮;鱼表皮部分用手指压一下松开，凹陷随即复平。不够新鲜的鱼体表黏液较多，透明度较差，鱼背较软，呈现苍白色，用手压凹陷处不能立即复平，没有弹性，鱼鳞松弛没有光泽或者出现鳞片受伤脱落。

（2）如何制作鱼类水产

海鱼有海腥味，河鱼有土腥味，因此只有新鲜的活鱼才适合蒸制。但不管用任何方法制作鱼类，都要将鱼肉事先处理干净，刮干净鳞片，去鱼鳃，抽取鱼腥线，将腹腔内的黑膜尽量清洗干净。最好能用料酒和姜片略微腌制，以使其更加入味。

如果是需要烧制的鱼类，则需要先煎炸。煎炸鱼肉的时候，可以事先用生姜将锅内

壁擦拭一遍，并以中小火煎炸，鱼皮不容易粘锅。

如果要将鱼肉制成鱼泥，应当先将鱼刺尽量剔除。

如果用来炖汤，则多选用个体较小鱼类例如鲫鱼，或者胖头鱼的鱼头部分。

4.蟹类水产的挑选和制作

蟹类水产肉质鲜美细腻，大部分人都喜爱食用，但是蟹类性寒，与一些食物同食会引起身体不适，那么，如何挑选蟹类，又如何烹制呢?

（1）如何挑选蟹类水产

螃蟹主要分为河湖淡水蟹和海蟹两种，河湖蟹最出名的应该就是大闸蟹了，这类蟹肉质细嫩、味美。但是只能挑选活蟹，死蟹不能食用。新鲜、有活力的螃蟹，蟹壳呈现青绿色、有光泽；蟹钳夹力大，腿部完整饱满，爬行快；用手掂量分量扎实；会连续吐泡沫且有声音；肚皮较白；蟹脚上蟹毛浓密。

挑选海蟹，除了上述条件之外，还要注意蟹的两段尖壳没有损伤。

螃蟹分雄蟹(尖脐)、雌蟹(圆脐)。雌蟹黄多肥美，雄蟹油多肉多。

（2）如何制作蟹类水产

河蟹适用蒸，新鲜活蟹蒸制的时候将肚皮朝上，放上一片生姜后，上锅蒸煮。如果怕螃蟹乱动可用绳子将螃蟹绑住。需要注意的是，蒸煮的时间不能太短，水开上汽后最好蒸制20分钟，将螃蟹彻底蒸熟蒸透。吃的时候，将蟹肉蘸取姜醋汁，味美且能中和螃蟹的寒性。另外吃时必须除尽蟹鳃、蟹心、蟹胃、蟹肠四个部位，因为这四样东西含有细菌、污泥等特别多，食用后不利于人体健康。

海蟹除了可以蒸制外，用葱姜爆炒味道也很好，在制作之前，需要将蟹外表清洗干净，揭开蟹壳，去除蟹腮、蟹心、蟹胃、蟹肠等不能食用的部分，之后将蟹剁成小块后再行炒制。

但是无论哪种制作方法，蟹肉都需要配合生姜来食用，可以消减螃蟹的寒气。另外，螃蟹不宜与茶水和柿子同食，因为茶水和柿子里的鞣酸跟螃蟹的蛋白质相遇后，会凝固成不易消化的块状物，使人出现腹痛、呕吐等症状，也就是常说的胃柿团症。